Photoshop 2023 图像创意与设计案例课堂

唐琳　编著

清華大學出版社

北 京

内 容 简 介

本书通过讲解131个具体实例展示如何使用Photoshop 2023对图像进行设计与处理，所有实例都是精心挑选和制作，将Photoshop 2023的知识点融入其中，并进行了简要而深刻的说明。读者通过对这些实例的学习，能够掌握图像创意与设计的精髓。

全书共分为14个章节，读者可以从本书中学习到Photoshop 2023基础应用、平面广告设计中常用字体的表现、图像处理技法点拨、数码照片的编辑处理、婚纱照片处理、广告海报制作、宣传展架设计、VI设计、手机移动UI设计、网站宣传广告设计、淘宝店铺设计、卡片设计、梦幻特效设计及效果图后期处理。

本书内容丰富，语言通俗，结构清晰，适合于初、中级读者学习使用，也可供从事平面设计、图像处理人员阅读；同时还可以作为大中专院校相关专业的学生和相关计算机培训班的学员学习使用。

图书在版编目(CIP)数据

Photoshop 2023图像创意与设计案例课堂 / 唐琳编著. —北京：清华大学出版社，2024.5

ISBN 978-7-302-65935-8

Ⅰ.①P… Ⅱ.①唐… Ⅲ.①图像处理软件 Ⅳ.①TP391.413

中国国家版本馆CIP数据核字（2024）第064822号

责任编辑：张彦青

封面设计：李　坤

责任校对：徐彩虹

责任印制：沈　露

出版发行：清华大学出版社

网　　址：https://www.tup.com.cn，https://www.wqxuetang.com

地　　址：北京清华大学学研大厦A座　　　邮　　编：100084

社 总 机：010-83470000　　　邮　　购：010-62786544

投稿与读者服务：010-62776969，c-service@tup.tsinghua.edu.cn

质量反馈：010-62772015，zhiliang@tup.tsinghua.edu.cn

印 装 者：三河市君旺印务有限公司

经　　销：全国新华书店

开　　本：190mm×260mm　　印　　张：20.25　　字　　数：486千字

版　　次：2024年6月第1版　　印　　次：2024年6月第1次印刷

定　　价：98.00 元

产品编号：103010-01

前　言

Photoshop 是 Adobe 公司旗下最为出名的图像处理软件之一，被广泛应用于图像处理、平面设计、插画创作、网站设计、卡通设计、影视包装等诸多领域。基于 Photoshop 在平面设计行业应用的广泛度，作者编写了本书，希望能给读者学习平面设计带来帮助。

01　本书内容 ▶▶▶▶

全书共分 14 章，按照平面设计工作的实际需求组织内容，案例以实用、够用为原则。其中内容包括 Photoshop 2023 基础应用、平面广告设计中常用字体的表现、图像处理技法点拨、数码照片的编辑处理、婚纱照片处理、广告海报制作、宣传展架设计、VI 设计、手机移动 UI 设计、网站宣传广告设计、淘宝店铺设计、卡片设计、梦幻特效设计、效果图后期处理技术等内容。

02　本书特色 ▶▶▶

本书以提高读者的动手能力为出发点，内容覆盖了"Photoshop 图像处理 + 广告制作 + 网店美工 + 特效制作"等方方面面的技术与技巧。这 131 个实战案例，内容由浅入深、由易到难，可逐步引导读者系统掌握软件的操作技能和相关行业知识。

03　海量的电子学习资源和素材 ▶▶▶▶

本书附带大量的学习资料和视频教程，通过截图给出部分概览。

本书附带使用的所有素材文件、场景文件、效果文件、多媒体有声视频教学录像。读者在读完本书内容以后，可以调用这些资源进行深入学习。

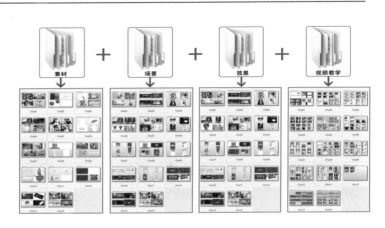

04 读者对象 ▶ ▶ ▶

（1）Photoshop 初学者。
（2）大中专院校学生和社会培训班平面设计及其相关专业的学院。
（3）平面设计从业人员。

05 致谢 ▶ ▶ ▶ ▶

　　本书的出版可以说凝结了许多优秀教师的心血，在这里衷心感谢对本书出版过程给予帮助的编辑老师、光盘测试老师，感谢你们！

　　本书由唐琳编著，参加编写的人员还有朱晓文、刘蒙蒙、纪丽丽。在编写的过程中，我们虽竭尽所能希望将最好的讲解呈现给读者，但难免有疏漏和不妥之处，敬请读者不吝指正。

编　者

配送资源 .part1

配送资源 .part2

配送资源 .part3

配送资源 .part4

目　录

第 03 章　图像处理技法

第 04 章　数码照片的编辑处理

第 05 章　婚纱照片处理

第 12 章　卡片设计

第 13 章　梦幻特效设计

第 14 章　效果图后期处理技术

Photoshop 2023
基础应用

本章导读：

　　本章对 Photoshop 2023 进行了简单的介绍，包括 Photoshop 2023 的安装、启动与退出，Photoshop 工作环境，以及多种图形图像的处理工具。通过对本章的学习，用户可以对 Photoshop 2023 有一个初步的认识，为后面章节的学习奠定良好的基础。

实例 001　安装 Photoshop 2023

Photoshop 2023 是专业的设计软件，其安装步骤如下。

（1）在相应的文件夹下选择下载的安装文件，双击安装文件图标，如图 1-1 所示。

（2）弹出【Photoshop 2023 安装程序】界面，在其中指定安装位置，单击【继续】按钮，如图 1-2 所示。

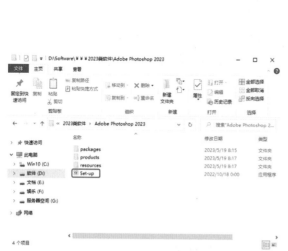

图 1-1

图 1-2

（3）软件开始安装程序，弹出的【安装】界面中将显示所安装的进度，如图 1-3 所示。

（4）安装完成后，将会弹出【安装完成】对话框，单击【关闭】按钮即可，如图 1-4 所示。

图 1-3

图 1-4

卸载 Photoshop 2023 的具体操作步骤如下。

（1）单击计算机左下角的【开始】按钮▦，在弹出的【开始】菜单中右击 Adobe Photoshop 2023，在弹出的快捷菜单中选择【卸载】命令，如图 1-5 所示。

（2）弹出【控制面板】界面，选择【卸载程序】选项，在【程序和功能】界面中选择 Adobe Photoshop 2023 选项，单击【卸载】按钮，如图 1-6 所示。

图 1-5

图 1-6

（3）弹出【Photoshop 卸载程序】界面，在【Photoshop 首选项】对话框中单击【是，确定删除】按钮，如图 1-7 所示。

（4）显示卸载进度，如图 1-8 所示。

（5）卸载完成后，将会弹出【卸载完成】对话框，单击【关闭】按钮即可，如图 1-9 所示。

图 1-7

图 1-8

图 1-9

实例 003　启动 Photoshop 2023

下面将介绍如何启动 Photoshop 2023。

（1）选择【开始】| Adobe Photoshop 2023 命令，如图 1-10 所示。

（2）执行该操作后，即可启动 Photoshop 2023。图 1-11 所示为 Photoshop 2023 的欢迎界面。

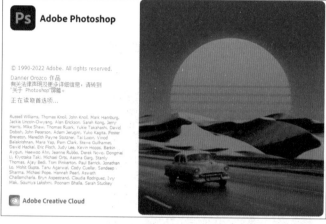

图 1-10　　　　　　　　　　　　　　　　图 1-11

 提示：

　　直接在桌面上双击 Adobe Photoshop 2023 的快捷图标，或者双击与 Photoshop 2023 相关联的文档，均可启动 Photoshop 2023。

实例 004　退出 Photoshop 2023

若要退出 Photoshop 2023，可以执行下列操作之一。

- 在菜单栏中选择【文件】|【退出】命令，如图 1-12 所示。
- 如果当前的文件是一个新建的或没有保存过的，则会弹出一个信息提示框，如图 1-13 所示。单击【是】按钮，打开【另存为】对话框；单击【否】按钮，可以关闭文件，但不保存修改结果；单击【取消】按钮，可以关闭信息提示框，并取消关闭操作。

提示：

除了上述方法外，还可以通过以下方法退出 Photoshop 2023。

- 单击 Photoshop 2023 程序窗口右上角的【关闭】按钮　✕　。
- 单击 Photoshop 2023 程序窗口左上角的 Ps 图标，在弹出的下拉列表中选择【关闭】命令。
- 双击 Photoshop 2023 程序窗口左上角的 Ps 图标。
- 按 Alt+F4 组合键。
- 按 Ctrl+Q 组合键。

图 1-12　　　　　　　　　　　　　　　　　　图 1-13

实例 005　打开文档

下面将介绍打开文档的操作步骤如下。

（1）按 Ctrl+O 组合键，弹出【打开】对话框，选择【素材 \Cha01\001.jpg】素材文件，如图 1-14 所示。

（2）单击【打开】按钮，按 Enter 键，或双击鼠标，均可打开选择的素材图像，如图 1-15 所示。

图 1-14

图 1-15

提示：

在菜单栏中选择【文件】|【打开】命令（如图 1-16 所示），或在工作区内双击鼠标左键，都可以打开【打开】对话框。按住 Ctrl 键单击需要打开的文件，可以打开多个不相邻的文件；按住 Shift 键单击需要打开的文件，可以打开多个相邻的文件。

图 1-16

实例 006 保存文档

在制作文档之后，需要将文档进行保存，下面将介绍保存文档的具体操作步骤。

（1）继续上面的操作，在菜单栏中选择【图像】|【调整】|【亮度 / 对比度】命令，在弹出的【亮度 / 对比度】对话框中将【亮度】【对比度】分别设置为 28、-7，如图 1-17 所示。单击【确定】按钮。

（2）在菜单栏中选择【文件】|【存储为】命令，如图 1-18 所示。

图 1-17   图 1-18

（3）在弹出的【存储为】对话框中设置保存路径、文件名以及文件类型，如图 1-19 所示。

（4）单击【保存】按钮，在弹出的【JPEG 选项】对话框中将【品质】设置为 12，如图 1-20 所示。单击【确定】按钮。

图 1-19

图 1-20

提示：

上述方法是在不覆盖原图像的前提下将文件进行存储。如果用户希望在原图像上进行保存，可在单击【文件】按钮并在弹出的下拉列表中选择【存储】选项，或按 Ctrl+S 组合键打开【存储为】对话框。

●●●●●●●●
实例 007　窗口的排列

在利用 Photoshop 设计文件时，有时需要打开多个文档，但频繁地切换不同的文档难免会降低工作效率。为了操作方便，Photoshop 可以排列多个文档窗口，下面将介绍如何调整窗口的排列。

（1）按 Ctrl+O 组合键，打开【素材 \Cha01\001.jpg 和 02.jpg】素材文件，此时可以看到窗口中只显示一个文档窗口，如图 1-21 所示。

（2）在菜单栏中选择【窗口】|【排列】|【平铺】命令，如图 1-22 所示。

图 1-21

图 1-22

（3）执行该操作后，文档窗口将全部显示在文档中，效果如图 1-23 所示。

（4）除此之外，还可以在菜单栏中选择【窗口】|【排列】|【双联水平】命令，将文档窗口水平排列在文档中，效果如图 1-24 所示。

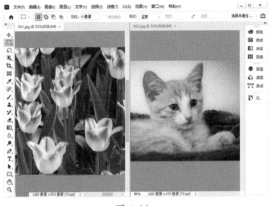

图 1-23

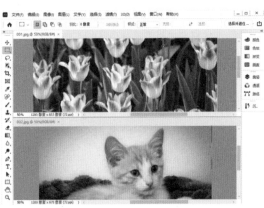

图 1-24

实例 008　视图的缩放及平移

在 Photoshop 中处理图像时，会频繁地在图像的整体和局部之间切换，通过对局部的修改来达到最终的效果。当图像被放大到只显示局部图像的时候，可以使用【抓手工具】平移图像。除了使用【抓手工具】查看图像外，在使用其他工具时按空格键拖动鼠标也可以平移图像，还可以拖动水平和垂直滚动条来查看图像。

（1）按 Ctrl+O 组合键，打开【素材 \Cha01\002.jpg】素材文件，在工具箱中选中【缩放工具】，将光标移至工作区中，此时光标将变为中心带有加号的"放大镜"样式，如图 1-25 所示。

（2）在工作区中的图像上单击鼠标左键，即可放大图像，效果如图 1-26 所示。

图 1-25

图 1-26

> **提示：**
> 若需要缩小显示比例，可以按住 Alt 键，此时光标将变为中心带有减号的"缩小"样式，在图像上单击鼠标左键，即可将图像缩小显示。除此之外，还可以按 Ctrl+ 减号键缩小图像显示比例，按 Ctrl+ 加号键放大图像显示比例。

（3）当显示比例放大到一定程度后，窗口将无法显示全部画面。如果需要查看隐藏的区域，可以在工具箱中选择【抓手工具】，此时光标将变为　形状，按住鼠标左键拖动即可对画布进行平移，如图 1-27 所示。

（4）移动至相应位置并释放鼠标后，即可查看无法显示的部分画面，效果如图 1-28 所示。

图 1-27 图 1-28

实例 009　个性化设置

本例将讲解如何对 Photoshop 软件进行个性化设置，通过此操作可以大大提高工作效率。

（1）启动软件后，在菜单栏中选择【编辑】|【首选项】|【常规】命令，弹出【首选项】对话框，如图 1-29 所示。

（2）切换到【界面】选项卡，将【颜色方案】设置为最后一个色块（默认为第一个色块），其他值保持默认，如图 1-30 所示。

图 1-29 图 1-30

（3）切换到【光标】选项卡，在其中可以设置【绘画光标】和【其它光标】，例如将【绘画光标】设置为"标准"，【其它光标】设置为"标准"，如图 1-31 所示。

（4）切换到【透明度与色域】选项卡，可以设置【网格大小】和【网格颜色】，如图 1-32 所示。设置完成后，单击【确定】按钮即可完成设置。

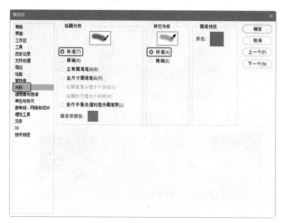

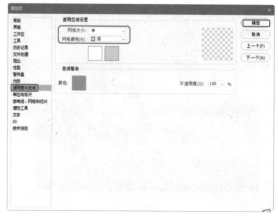

图 1-31   图 1-32

◆◆◆◆◆◆◆ **实例 010 切换屏幕显示模式**

在利用 Photoshop 设计作品时，有时面板会占用屏幕显示空间，使图像无法显示全部。此时可以通过切换屏幕的显示模式来隐藏部分或者全部面板，使窗口仅显示图像。下面将介绍如何切换屏幕显示模式。

（1）在菜单栏中选择【视图】|【屏幕模式】|【带有菜单栏的全屏模式】命令，如图 1-33 所示。

（2）执行该操作后，即可切换至带有菜单栏的全屏模式，效果如图 1-34 所示。

💡 提示：

    除了上述方法外，还可以在工具箱中的【更改屏幕模式】按钮 ◻ 上单击鼠标右键，在弹出的下拉列表中选择屏幕模式。

图 1-33   图 1-34

实例 011　**更改图像颜色模式**

下面将介绍如何更改图像的颜色模式。

（1）按 Ctrl+O 组合键，打开【素材 \Cha01\003.jpg】素材文件，此时将会在图像的名称右侧看到当前图像的颜色模式，如图 1-35 所示。

（2）在菜单栏中选择【图像】|【模式】|【CMYK 颜色】命令，如图 1-36 所示。

图 1-35　　　　　　　　　　　　　　　　图 1-36

（3）执行该操作后，将会弹出信息提示框，单击【确定】按钮将继续转换颜色模式，单击【取消】按钮将不对颜色模式进行更改，如图 1-37 所示。

（4）单击【确定】按钮，即可更改图像的颜色模式，效果如图 1-38 所示。

图 1-37　　　　　　　　　　　　　　　　图 1-38

实例 012　**调整图像大小**

在 Photoshop 中，若图像的尺寸太大会占用过多的内存，使系统变得卡顿，这时就需要对图像的大小做出适当的调整。下面将介绍如何调整图像大小。

（1）在菜单栏中选择【图像】|【图像大小】命令，如图1-39所示。

（2）在弹出的【图像大小】对话框中会显示当前图像的尺寸与分辨率，如图1-40所示。

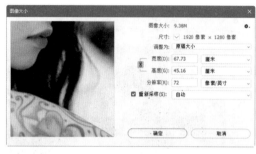

图1-39　　　　　　　　　　　　　　　　　　　　图1-40

（3）在【图像大小】对话框中单击【限制长宽比】按钮，将【宽度】设置为800像素，【高度】也会随之改变，如图1-41所示。

（4）设置完成后，单击【确定】按钮，即可调整图像的大小，效果如图1-42所示。

图1-41　　　　　　　　　　　　　　　　　　　　图1-42

实例013　调整画布大小

调整画布的大小，可以在保持原图像尺寸不变的情况下增大或缩小可编辑的画面范围。下面将介绍如何调整画布大小。

（1）按Ctrl+O组合键，打开【素材\Cha01\004.jpg】素材文件，效果如图1-43所示。

（2）在菜单栏中选择【图像】|【画布大小】命令，如图1-44所示。

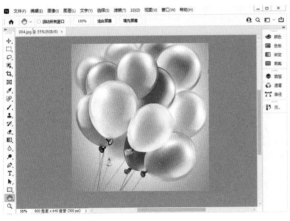

图 1-43   图 1-44

（3）在弹出的对话框中勾选【相对】复选框，将【宽度】【高度】均设置为 2 厘米，将【画布扩展颜色】设置为"白色"，如图 1-45 所示。

> 提示：
> 勾选【相对】复选框后，将会在原尺寸的基础上实际增加或减少画布的大小，输入正值则代表增加画布大小，输入负值将减少画布大小。

（4）设置完成后，单击【确定】按钮，即可调整画布大小，效果如图 1-46 所示。

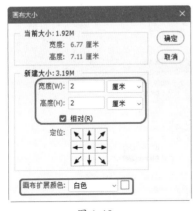

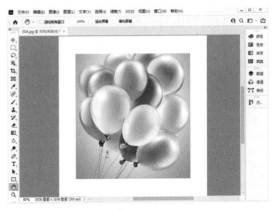

图 1-45   图 1-46

实例 014   旋转图像

使用手机或相机拍摄照片时，有时会因手机或相机的朝向问题使拍摄出的照片角度不合心意，此时可以使用 Photoshop 进行调整。下面将介绍如何旋转图像。

（1）按 Ctrl+O 组合键，打开【素材 \Cha01\004.jpg】素材文件，在菜单栏中选择【图像】|【旋转图像】|【180 度】命令，如图 1-47 所示。

（2）执行该操作后，即可将图像旋转 180 度，效果如图 1-48 所示。

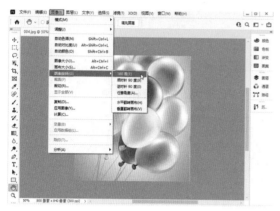

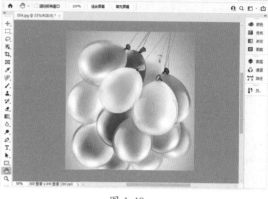

图 1-47

图 1-48

实例 015　创建参考线

在 Photoshop 中提供了很多编辑图像的辅助工具，其中包括参考线、标尺、网格等。虽然这些工具不能编辑图像，但是可以帮助用户更快更好地定位、测量对象。下面将介绍如何创建参考线。

（1）按 Ctrl+O 组合键，打开【素材 \Cha01\005.psd】素材文件，效果如图 1-49 所示。

（2）在菜单栏中选择【视图】|【新建参考线】命令，如图 1-50 所示。

（3）在弹出的【新建参考线】对话框中单击【垂直】单选按钮，将【位置】设置为 14 厘米，如图 1-51 所示。

图 1-49

图 1-50

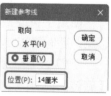

图 1-51

（4）设置完成后，单击【确定】按钮，即可在视图中创建一条垂直参考线，如图 1-52 所示。

（5）按 Ctrl+R 组合键，显示标尺。在标尺左上方右击，在弹出的快捷菜单中选择【厘米】命令，如图 1-53 所示。

图 1-52

图 1-53

（6）在上方标尺按住鼠标左键并向下拖动，在 10 厘米处释放鼠标，创建一条水平参考线，如图 1-54 所示。

（7）使用相同的方法在工作区中创建其他参考线，效果如图 1-55 所示。

图 1-54

图 1-55

实例 016　操控变形对象

操控变形可以对人物、动物的形态、动作进行简单的调整，下面将介绍如何操控变形对象。

（1）按 Ctrl+O 组合键，打开【素材 \Cha01\006.psd】素材文件，在菜单栏中选择【编辑】|【操控变形】命令，如图 1-56 所示。

（2）执行该操作后，在图像上会布满网格。在如图 1-57 所示的位置处添加两个图钉，并将左侧图钉的【旋转】角度设置为 -5 度。

（3）在如图 1-58 所示的位置处添加一个图钉，将【旋转】角度设置为 13 度。

（4）使用同样的方法添加多个图钉，调整【旋转】角度，并根据效果调整图钉的位置，如图 1-59 所示。

（5）调整完成后，按 Enter 键完成变形，效果如图 1-60 所示。

图 1-56

图 1-57

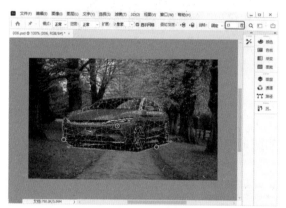

图 1-58

图 1-59

图 1-60

 提示：

在预览效果时，带有参考线的图像可能会不便于观察。在菜单栏中取消选择【视图】|【显示额外内容】命令，即可将参考线隐藏；若需要显示参考线，可再次选择【显示额外内容】命令。

● ● ● ● ● ● ● ● ●
实例 017　自由变换对象

【自由变换】命令只有在普通图层中才可以使用。下面将介绍如何自由变换对象，效果如图 1-61 所示。

（1）按 Ctrl+O 组合键，打开【素材 \ Cha01\007.jpg】素材文件，如图 1-62 所示。

（2）在菜单栏中选择【文件】|【置入嵌入对象】命令，在弹出的对话框中选择【素材 \ Cha01\008.jpg】素材文件，单击【置入】按钮，然后按 Enter 键完成置入，效果如图 1-63 所示。

图 1-61

图 1-62

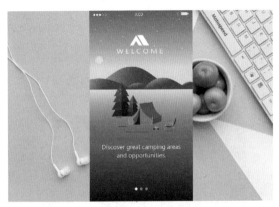

图 1-63

（3）在菜单栏中选择【编辑】|【自由变换】命令，如图 1-64 所示。

（4）执行该操作后，在图像四周将会出现定界框。将光标移至定界框的一角，按住 Shift 键向内拖动鼠标，可比例缩放图像。调整其位置后，效果如图 1-65 所示。

图 1-64

图 1-65

（5）在图像上单击鼠标右键，在弹出的快捷菜单中选择【扭曲】命令，如图 1-66 所示。

（6）将光标移至左上角的控制点处，按住鼠标左键将其拖曳至手机屏幕的左上角，如图 1-67 所示。

图 1-66　　　　　　　　　　　　　　图 1-67

（7）使用同样的方法移动其他控制点，效果如图 1-68 所示。

（8）按 Enter 键或单击工具选项栏中的【提交变换】按钮✓完成变换操作，效果如图 1-69 所示。

图 1-68　　　　　　　　　　　　　　图 1-69

实例 018　复制并翻转对象

下面将介绍如何复制并翻转对象，效果如图 1-70 所示。

（1）按 Ctrl+O 组合键，打开【素材\Cha01\009.psd】素材文件，效果如图 1-71 所示。

（2）在【图层】面板中选择【鹿】图层，按 Ctrl+J 组合键复制图层并调整位置，如图 1-72 所示。

图 1-70

图 1-71

图 1-72

（3）选中复制后的图层，按 Ctrl+T 组合键，再单击鼠标右键，在弹出的快捷菜单中选择【水平翻转】命令，如图 1-73 所示。

（4）执行该操作后，调整对象的大小，按 Enter 键确认，如图 1-74 所示。

图 1-73

图 1-74

实例 019　移动工具——清晨漫步

在 Photoshop 中使用【移动工具】可以移动没有锁定的对象，以此来调整对象的位置。下面通过实际的操作来学习【移动工具】的使用方法，效果如图 1-75 所示。

（1）按 Ctrl+O 组合键，打开【素材 \Cha01\010.psd 和 011.png】素材文件，如图 1-76、图 1-77 所示。

图 1-75

图 1-76

图 1-77

（2）选择工具箱中的【移动工具】，在工具选项栏中勾选【自动选择】复选框，将【类型】设置为"图层"，在【011.jpg】素材文件中单击素材对象，将其选中，如图 1-78 所示。

（3）按住鼠标左键，将选中的素材对象拖曳至【010.psd】素材文件中，在合适的位置上释放鼠标。按 Ctrl+T 组合键，调整素材大小和位置即可，如图 1-79 所示。

图 1-78

图 1-79

> **提示：**
> 使用【移动工具】选中对象时，每按一次键盘上的上、下、左、右方向键，图像就会移动一个像素的距离；按住 Shift 键的同时再按方向键，图像每次会移动 10 个像素的距离。

实例 020　裁剪工具——娇艳欲滴的玫瑰

使用【裁剪工具】可以保留图像中需要的部分，剪去不需要的内容。下面将介绍如何使用【裁剪工具】裁剪图像，效果如图 1-80 所示。

（1）按 Ctrl+O 组合键，打开【素材\Cha01\012.jpg】素材文件，如图 1-81 所示。

（2）在工具箱中选择【裁剪工具】

图 1-80

，在工作界面中按住鼠标左键并调整裁剪框的大小，在合适的位置上释放鼠标，调整完成后的效果如图 1-82 所示。

（3）按 Enter 键，即可对素材文件完成裁剪。

图 1-81   图 1-82

提示：

如果要将裁剪框移动到其他位置，则可将指针放在裁剪框内并拖动。在调整裁剪框时按住 Shift 键，则可以约束其裁剪比例。如果要旋转裁剪框，将指针放在裁剪框外（指针变为弯曲的箭头↰形状）并拖动，即可旋转裁剪框。

实例 021   渐变工具——炫彩插图

渐变是由多种颜色过渡而产生的一种效果，在图像处理中应用非常广泛。下面将介绍如何使用【渐变工具】，效果如图 1-83 所示。

（1）按 Ctrl+O 组合键，打开【素材 \Cha01\013.jpg】素材文件，如图 1-84 所示。

（2）在工具箱中选择【渐变工具】■，在工具选项栏中单击渐变条，在弹出的【渐变编辑器】对话框中将左侧色标的颜色值设置为 #c6b5ff，将右侧色标的颜色值设置为 # 3d0689，如图 1-85 所示。

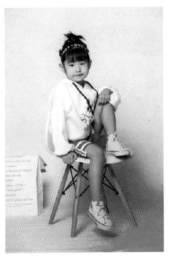

图 1-83   图 1-84   图 1-85

（3）设置完成后，单击【确定】按钮。在工具选项栏中单击【线性渐变】按钮▣，在【图层】面板中单击【创建新图层】按钮⊞，在工作区中图像的左上角按住鼠标左键向右下角拖曳，释放鼠标后，即可填充渐变颜色，效果如图 1-86 所示。

（4）在【图层】面板中选择【图层 1】图层，将【混合模式】设置为"颜色加深"，将【不透明度】设置为 52%，效果如图 1-87 所示。

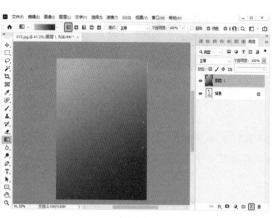

图 1-86

图 1-87

实例 022　画笔工具——生日贺卡

在工具箱中设置前景色，并选择【画笔工具】✎，在工作区单击或按住鼠标左键拖动即可进行绘制。下面将介绍如何使用【画笔工具】，效果如图 1-88 所示。

（1）按 Ctrl+O 组合键，打开【素材\Cha01\014.jpg】素材文件，如图 1-89 所示。

（2）在工具箱中选择【画笔工具】✎，在菜单栏中选择【窗口】|【画笔】命令，在弹出的【画笔】面板中选择【特殊效果画笔】下的"Kyle 的喷溅画笔 - 高级喷溅和纹理"画笔效果，如图 1-90 所示。

图 1-88

（3）按 F5 键，打开【画笔设置】面板，将【间距】设置为 130%，如图 1-91 所示。

（4）设置完成后，在工具箱中将【前景色】的 RGB 值设置为 252、6、29，在【图层】面板中单击【创建新图层】按钮◨，在工作区中拖动鼠标进行绘制，效果如图 1-92 所示。

图 1-89

图 1-90

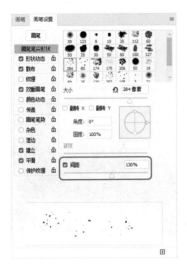

图 1-91

图 1-92

💡 **提示：**

　　在使用画笔的过程中，按住 Shift 键可以绘制水平、垂直或者以 45 度为增量角的直线。如果在确定起点后，按住 Shift 键单击画布中的任意一点，则两点之间以直线相连接。

实例 023　橡皮擦工具——植树节

　　【橡皮擦工具】可以将不喜欢的图像进行擦除，擦除后的颜色取决于背景色的 RGB 值。如果在普通图层上使用此工具，则会将像素抹成透明效果。下面将介绍如何使用【橡皮擦工具】，效果如图 1-93 所示。

　　（1）按 Ctrl+O 组合键，打开【素材 \Cha01\015.jpg】素材文件，如图 1-94 所示。

（2）在工具箱中选择【橡皮擦工具】 ，在【画笔预设】选取器中选择笔触，将【大小】设置为 100 像素，将【硬度】设置为 100%，按 Enter 键确认，如图 1-95 所示。

（3）在工具箱中将背景色的颜色值设置为 #ecfcf9，在素材文件中进行涂抹，效果如图 1-96 所示。

图 1-93

图 1-94

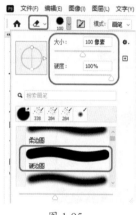

图 1-95

图 1-96

实例 024　背景橡皮擦工具——精美卡片

【背景橡皮擦工具】会抹除图层上的像素，使图层透明，可以抹除背景，同时保留对象中与前景相同的边缘。通过指定不同的取样和容差选项，还可以控制透明度的范围和边界的锐化程度。下面将介绍如何使用【背景橡皮擦工具】，效果如图 1-97 所示。

（1）按 Ctrl+O 组合键，打开【素材 \Cha01\016.jpg】素材文件，如图 1-98 所示。

图 1-97

（2）在工具箱中选择【背景橡皮擦工具】 ，在工具选项栏中单击【取样：一次】按钮 ，将【容差】设置为 77%，将【前景色】设置为 #fecede，并勾选【保护前景色】复选框。在图像上对"L"字母单击取样，并按住鼠标左键对"L""O"两个字母进行涂抹，即可将粉色的字母擦除，效果如图 1-99 所示，

图 1-98

图 1-99

（3）在【图层】面板中按住 Ctrl 键单击【图层 0】的缩览图，将其载入选区。按 Ctrl+Shift+I 组合键反选图像，将擦除颜色的字母选中，如图 1-100 所示。

（4）在工具箱中将【前景色】设置为 #fedd01，按 Alt+Delete 组合键进行填充，再按 Ctrl+D 组合键取消选区，效果如图 1-101 所示。

图 1-100

图 1-101

实例 025　魔术橡皮擦工具——夏日荷花

【魔术橡皮擦工具】与【橡皮擦工具】不同的是，它在同一 RGB 值的位置上单击鼠标时，可将其擦除。下面将介绍如何使用【魔术橡皮擦工具】，效果如图 1-102 所示。

（1）按 Ctrl+O 组合键，打开【素材 \Cha01\017.jpg】素材文件，如图 1-103 所示。

图 1-102

图 1-103

（2）在工具箱中选择【魔术橡皮擦工具】，在工具选项栏中将【容差】设置为 40，在蓝色背景上单击鼠标左键，即可将其擦除，如图 1-104 所示。

（3）打开【素材 \Cha01\018.jpg】素材文件，如图 1-105 所示。

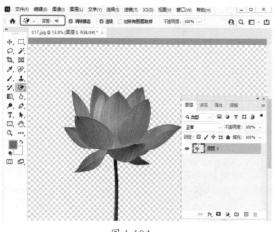

图 1-104

图 1-105

（4）返回至【017.jpg】素材文件，在工具箱中选择【移动工具】，在图像上单击并按住鼠标左键将其拖曳至【018. jpg】素材文件中，然后调整素材文件的大小与位置，如图 1-106 所示。

图 1-106

实例 026   历史记录画笔工具——唯美照片

【历史记录画笔工具】可以将图像恢复到编辑过程中的某一状态，或者将部分图像恢复为原样。下面将介绍如何使用【历史记录画笔工具】，效果如图 1-107 所示。

（1）按 Ctrl+O 组合键，打开【素材 \Cha01\019.jpg】素材文件，如图 1-108 所示。

（2）在菜单栏中选择【图像】|【调整】|【色相 / 饱和度】命令，如图 1-109 所示。

图 1-107

图 1-108

图 1-109

（3）在弹出的对话框中将【色相】设置为 25，将【饱和度】设置为 50，单击【确定】按钮，调整后的效果如图 1-110 所示。

（4）在工具箱中选择【历史记录画笔工具】 ，在工具选项栏中设置笔触大小后，对人物部分进行涂抹，即可恢复素材文件的原样，如图 1-111 所示。

图 1-110

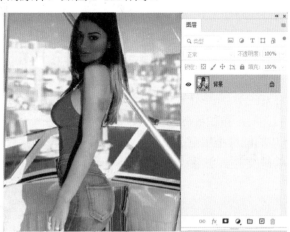

图 1-111

实例 027　矩形选框工具——将图像放到相框中

　　本例将通过使用【矩形选框工具】选取照片，然后将其拖曳至相框模板中，从而完成效果图的制作，如图 1-112 所示。

　　（1）按 Ctrl+O 组合键，打开【素材 \Cha01\020.jpg】素材文件，如图 1-113 所示。

　　（2）在工具箱中选择【矩形选框工具】□，在菜单栏中选择【选择】|【变换选区】命令，再右击，使用【旋转】和【斜切】命令进行调整，在工作区中选取图形，如图 1-114 所示。

图 1-112　　　　　　　　　　　　图 1-113　　　　　　　　　　　　图 1-114

　　（3）打开【素材 \Cha01\021.jpg】素材文件，如图 1-115 所示。

　　（4）切换至【020.jpg】素材文件中，使用【矩形选框工具】□，将矩形选区拖曳至【021.jpg】素材文件中，并调整选区的位置，效果如图 1-116 所示

　　（5）在工具箱中选择【移动工具】⊕，按住鼠标左键将选区中的图像拖曳至【020.jpg】素材文档，如图 1-117 所示。

图 1-115　　　　　　　　　　图 1-116

图 1-117

●●●●●●●●
实例 028　椭圆选框工具——足球友谊赛

【椭圆选框工具】用于创建椭圆形和圆形选区。该工具的使用方法与【矩形选框工具】完全相同。下面将介绍如何使用【椭圆选框工具】，效果如图 1-118 所示。

（1）打开【素材 \Cha01\022.jpg 和 023.jpg】素材文件，如图 1-119、图 1-120 所示。

图 1-118　　　　　　　　　　　　图 1-119　　　　　　　　　图 1-120

（2）切换至【023.jpg】素材文件中，在工具箱中选择【椭圆选框工具】◯，在工作区中按住鼠标左键拖曳，对球体进行框选，效果如图 1-121 所示。

（3）在工具箱中选择【移动工具】⊕，按住鼠标左键将选区中的图像拖曳至【022.jpg】素材文件，并调整其位置与大小，效果如图 1-122 所示。

（4）在工具箱中选择【椭圆工具】◯，在工具选项栏中将【工具模式】

图 1-121　　　　　　　　　　图 1-122

设置为"形状"，将【填充】的颜色值设置为 #2f2614，将【描边】设置为无。在工作区中绘制一个椭圆，在【属性】面板中将 W、H 分别设置为 362 像素、126 像素，如图 1-123 所示。

（5）在【属性】面板中单击【蒙版】按钮◻，将【羽化】设置为 18 像素。在【图层】面板中将【椭圆 1】调整至【图层 1】的下方，并调整椭圆的位置，效果如图 1-124 所示。

图 1-123　　　　　　　　　　　　　　　图 1-124

> 💡 **提示：**
>
> 在绘制椭圆选区时，按住 Shift 键的同时拖动鼠标，可以创建圆形选区；按住 Alt 键的同时拖动鼠标，会以光标所在位置为中心创建选区；按住 Alt+Shift 组合键的同时拖动鼠标，会以光标所在位置为中心绘制圆形选区。

实例 029　多边形套索工具——复古海报【视频】

【多边形套索工具】可以创建由直线连接的选区，它适合选择边缘为直线的对象。本例先通过【多边形套索工具】对人物选取，再利用【移动工具】将选区中的图像拖曳至背景素材中，效果如图 1-125 所示。

图 1-125

实例 030　磁性套索工具——人物照片【视频】

【磁性套索工具】能够自动检测和跟踪对象的边缘，如果对象的边缘较为清晰，并且与背景的对比比较明显，使用它可以快速选择对象。选中对象后，使用【移动工具】将其拖曳至背景图中，即可完成人物照片的制作，效果如图 1-126 所示。

图 1-126

实例 031　魔棒工具——可爱小狗【视频】

【魔棒工具】能够基于图像的颜色和色调建立选区，只需在图像上单击即可，适合选择图像中较大的单色区域或相近颜色。更改【容差】值和【色相/饱和度】|【色相】值，可以对选区的范围进行设置，效果如图 1-127 所示。

图 1-127

Chapter

02

平面广告设计中常用字体的表现

本章导读：

　　本章将介绍运用 Photoshop 2023 制作各种字体的方法，如粉笔字、钢纹字、石刻文字等。制作文字是平面广告设计中最为重要的环节，文字的表现将直接影响平面广告的整体效果。

实例 032　制作粉笔字

　　本例讲解如何制作粉笔字效果，方法是将输入的文本栅格化，再添加【铜版雕刻】滤镜，最终的粉笔字效果如图 2-1 所示。

　　（1）按 Ctrl+O 组合键，打开【素材\Cha02\素材1.jpg】素材文件，如图 2-2 所示。

　　（2）在工具箱中选择【横

图 2-1

排文字工具】**T.**，输入文本"欢迎新同学"，在【字符】面板中将【字体】设置为"迷你简综艺"，将【字体大小】设置为 200 点，将【字符间距】设置为 20，将【颜色】设置为白色，如图 2-3 所示。

图 2-2

图 2-3

　　（3）将【欢迎新同学】图层拖曳至【创建新图层】按钮上 🗐 复制图层，将复制后的图层重命名为"粉笔字"。单击鼠标右键，在弹出的快捷菜单中选择【栅格化文字】命令，如图 2-4 所示。

　　（4）按住 Ctrl 键的同时单击【粉笔字】图层左侧的缩览图，载入文字选区。选中【粉笔字】图层，单击【图层】面板底部的【添加矢量蒙版】按钮 ▢ 。在菜单栏中选择【滤镜】|【像素化】|【铜版雕刻】命令，将【类型】设置为"中长描边"，单击【确定】按钮，如图 2-5 所示。

图 2-4

图 2-5

（5）在菜单栏中选择【滤镜】|【像素化】|【铜版雕刻】命令，将【类型】设置为"粗网点"，单击【确定】按钮，如图 2-6 所示。

（6）按 Ctrl+Alt+F 组合键加深效果，如图 2-7 所示。

图 2-6

图 2-7

实例 033　创意文字设计

首先在本例中输入文字，再利用矢量工具为文字添加绿色和白色的元素，并借助图层样式丰富画面效果，效果如图 2-8 所示。

（1）按 Ctrl+O 组合键，打开【素材 \ Cha02\ 素材 2.jpg】素材文件，如图 2-9 所示。

（2）在【图层】面板的底部单击【创建新组】按钮创建新组。双击新组，将其重命名为"圣组"，如图 2-10 所示。

图 2-8

图 2-9

图 2-10

（3）在工具箱中选择【横排文字工具】，输入文本，将【字体】设置为"华康少女文字 W5（P）"，将【字体大小】设置为 310 点，将【字符间距】设置为 0，将【颜色】设置为 #a30808，单击【仿粗体】按钮，如图 2-11 所示。

（4）在工具箱中选择【椭圆工具】按钮○，在工具选项栏中将【工具模式】设置为"形状"，将【填充】设置为#22670a，将【描边】设置为无，在"圣"下方按住鼠标左键拖曳绘制椭圆形状，如图 2-12 所示。

图 2-11 图 2-12

（5）右击【椭圆 1】图层，在弹出的快捷菜单中选择【创建剪贴蒙版】命令，创建剪贴蒙版后的效果如图 2-13 所示。

（6）在菜单栏中选择【文件】|【置入嵌入对象】命令，弹出【置入嵌入的对象】对话框，选择【素材 \Cha02\ 圣诞素材 \1.png】素材文件，单击【置入】按钮，然后调整素材的大小及位置，如图 2-14 所示。

图 2-13 图 2-14

（7）在工具箱中选择【钢笔工具】，在工具选项栏中将【工具模式】设置为"形状"，将【填充】设置为白色，将【描边】设置为无，在文字上方绘制积雪形状，如图 2-15 所示。

（8）以上制作的图层全部在【圣组】中。在【图层】面板中选择【圣组】，在菜单栏中选择【图层】|【图层样式】|【描边】命令，在弹出的【图层样式】对话框中设置【大小】为 13 像素，设置【位置】为"内部"，设置【混合模式】为"正常"，设置【不透明度】为100%，设置【颜色】为白色，如图 2-16 所示。

图 2-15

（9）勾选【内发光】复选框，设置【混合模式】为"滤色"，设置【不透明度】为63%，设置【发光颜色】为"白色"，设置【方法】为"柔和"，设置【大小】为 7 像素，设置【范围】为 50%，单击【确定】按钮，如图 2-17 所示。

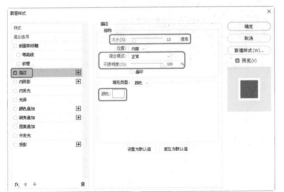

图 2-16

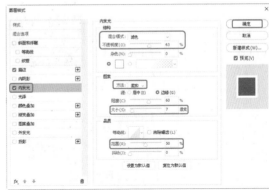

图 2-17

（10）执行【描边】和【内发光】图层样式后的效果如图 2-18 所示。

（11）使用同样的方法制作出其他的文字，效果如图 2-19 所示。

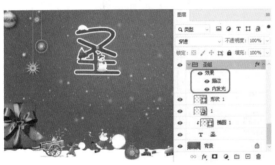

图 2-18

图 2-19

实例 034　制作火焰字

下面通过栅格化文字后为其应用【液化】滤镜制作出火焰字效果，如图 2-20 所示。

（1）按 Ctrl+O 组合键，打开【素材 \Cha02\ 素材 3.jpg】素材文件，如图 2-21 所示。

图 2-20

图 2-21

（2）在工具箱中选择【横排文字工具】 T.，输入文本"FLAME"，将【字体】设置为"Hobo Std"，将【字体大小】设置为240点，将【字符间距】设置为0，将【颜色】设置为#800808，取消选中【仿粗体】，如图2-22所示。

图 2-22

（3）在【图层】面板中选择文字图层，在菜单栏中选择【图层】|【图层样式】|【内发光】命令，在弹出的【图层样式】对话框中将【混合模式】设置为"正常"，将【不透明度】设置为100%，将【内发光颜色】设置为#ffba00，将【方法】设置为"精确"，选中【边缘】单选按钮，将【阻塞】设置为60%，将【大小】设置为20像素，将【范围】设置为50%，如图2-23所示。

（4）勾选【投影】复选框，将【混合模式】设置为"正常"，将【阴影颜色】设置为#ff0000，将【不透明度】设置为75%，将【角度】设置为30度，将【距离】设置为0像素，将【扩展】设置为36%，将【大小】设置为40像素，单击【确定】按钮，如图2-24所示。

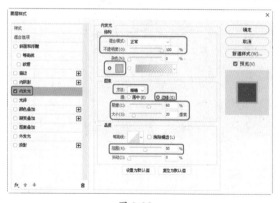

图 2-23

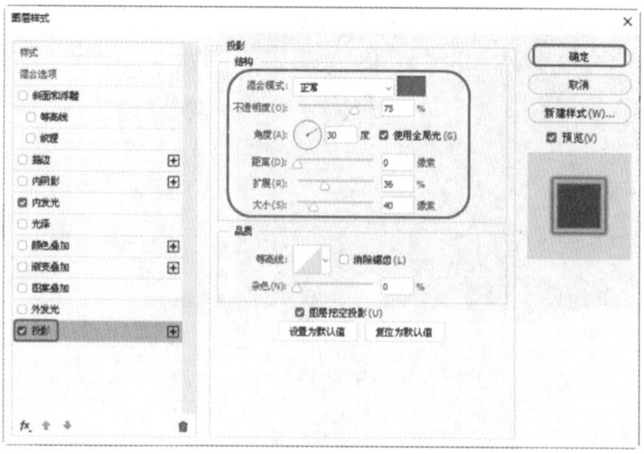

图 2-24

（5）将FLAME图层复制一层，在复制的【FLAME拷贝】图层上单击鼠标右键，在弹出的快捷菜单中选择【栅格化文字】命令，如图2-25所示。

（6）再次在图层上单击鼠标右键，在弹出的快捷菜单中选择【栅格化图层样式】命令，如图2-26所示。

图 2-25

图 2-26

（7）取消【FLAME】图层显示，选择【FLAME 拷贝】图层,在菜单栏中选择【滤镜】|【液化】命令，单击【向前变形工具】按钮 ，将【大小】设置为180，将【密度】设置为50，在画面中对文字进行涂抹，达到文字变形的目的，如图 2-27 所示。单击【确定】按钮。

（8）在菜单栏中选择【文件】|【置入嵌入对象】命令，弹出【置入嵌入的对象】对话框，选择【素材\Cha02\ 火 .png】素材文件，单击【置入】按钮，调整素材的大小及位置，将图层栅格化，如图 2-28 所示。

（9）下面开始处理文字与火焰处的衔接效果。选择【FLAME 拷贝】图层，将【前景色】设置为黑色，单击【图层】面板底部的【添加图层蒙版】按钮 ■ ，为图层添加图层蒙版，使用黑色的柔角画笔在文字上涂抹，效果如图 2-29 所示。

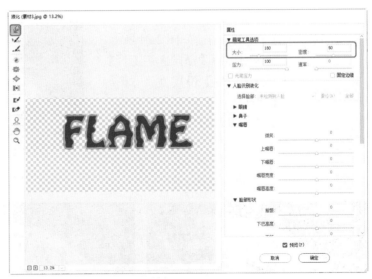

图 2-27

图 2-28

图 2-29

实例 035　制作变形文字

下面讲解如何制作变形文字。本例首先设置字体，输入文本，再创建文字变形，将文本调整位置，然后输入新的文本对象；再次创建文字变形，调整位置后复制文本，更改文本内容，调整合适位置，最终效果如图 2-30 所示。

（1）按 Ctrl+O 组合键，打开【素材 \ Cha02\ 素材 4.jpg】素材文件，如图 2-31 所示。

（2）在工具箱中选择【横排文字工具】T，输入文本，将【字体】设置为"方正魏碑简体"，将【字体大小】设置为 300 点，将【字符间距的微调】设置为"视觉"，将【字符间距】设置为 -100，将【垂直缩放】【水平缩放】分别设置为 100%、90%，将【颜色】设置为 #360a0a，如图 2-32 所示。

图 2-30

图 2-31

图 2-32

（3）单击【创建文字变形】按钮，将【样式】设置为"扇形"，【弯曲】设置为 35%，单击【确定】按钮，如图 2-33 所示。按 Ctrl+T 组合键，将【旋转】设置为"适合位置"按 Enter 键确认。

（4）在工具箱中选择【横排文字工具】T，输入文本，将【字体】设置为"方正行楷简体"，将【字体大小】设置为 85 点，将【字符间距的微调】设置为"视觉"，将【字符间距】设置为 100，将【垂直缩放】【水平缩放】设置为 100%，将【颜色】设置为 #360a0a，适当对文字进行旋转并调整位置，效果如图 2-34 所示。

图 2-33

图 2-34

（5）将【月满人团圆】图层拖曳至【创建新图层】按钮上 复制图层，将复制后的图层重命名为"心安幸福家"，适当对文字进行旋转并调整位置，效果如图 2-35 所示。

（6）在菜单栏中选择【文件】|【置入嵌入对象】命令，在弹出的对话框中选择【素材 \ Cha02\ 灯笼 .jpg】素材文件，单击【置入】按钮，效果如图 2-36 所示。

（7）按 Enter 键完成置入，调整【灯笼 .jpg】素材大小和位置，效果如图 2-37 所示。

图 2-35

图 2-36

图 2-37

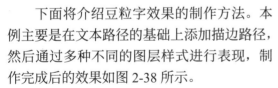

实例 036　制作豆粒字效果

　　下面将介绍豆粒字效果的制作方法。本例主要是在文本路径的基础上添加描边路径，然后通过多种不同的图层样式进行表现，制作完成后的效果如图 2-38 所示。

　　（1）按 Ctrl+O 组合键，打开【素材 \ Cha02\ 素材 5.jpg】素材文件，如图 2-39 所示。

　　（2）在工具箱中选择【横排文字工具】，输入文本，将【字体】设置为"方正平和简体"，将【字体大小】设置为 500 点，将【颜色】设置为 #823135，如图 2-40 所示。

图 2-38

图 2-39

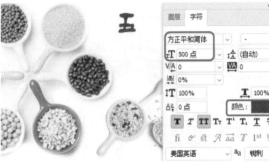

图 2-40

（3）使用相同的方法在场景中输入其他文字，效果如图 2-41 所示。

（4）在【图层】面板中选择 4 个文字图层，按 Ctrl+E 组合键，将其合并，再命名文本图层为"五谷杂粮"，效果如图 2-42 所示。

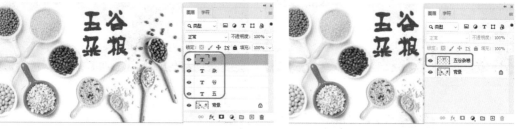

图 2-41　　　　　　　　　　　　　　　　图 2-42

（5）按住 Ctrl 键的同时单击合并图层的缩览图，将文字载入选区，如图 2-43 所示。

（6）确定选区处于选择状态，在【图层】面板中将该图层进行隐藏，效果如图 2-44 所示。

图 2-43　　　　　　　　　　　　　　　　图 2-44

（7）确定选区处于选择状态，单击【图层】面板底部的【创建新图层】按钮，新建一个图层。进入【路径】面板，单击下方的【从选区生成工作路径】按钮 ◇，将选区转换为路径，如图 2-45 所示。

（8）按 Ctrl+D 组合键取消选区，在工具箱中选择【画笔工具】 ✐，在工具选项栏中将【不透明度】和【流量】参数都设置为 100%。按 F5 键，在弹出的面板中选择【尖角 30】，将【大小】参数设置为 27 像素，将【硬度】和【间距】参数分别设置为 100% 和 150%，取消勾选【形状动态】复选框，如图 2-46 所示。

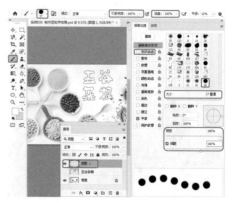

图 2-45　　　　　　　　　　　　　　　　图 2-46

（9）确认【前景色】为黑色，在工具箱中选择【钢笔工具】，在路径上单击鼠标右键，在弹出的快捷菜单中选择【描边路径】命令，如图2-47所示

（10）弹出【描边路径】对话框，将【工具】设置为"画笔"，单击【确定】按钮，描边路径后的效果如图2-48所示。

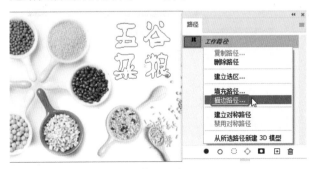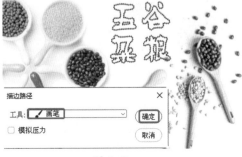

图 2-47　　　　　　　　　　　　　　　　　　图 2-48

（11）在【路径】面板中，将路径拖曳至面板底部的【删除当前路径】按钮上，删除路径后的效果如图2-49所示。

（12）在【图层】面板中双击【图层1】，在弹出的对话框中勾选【斜面和浮雕】复选框，将【深度】设置为100%，将【大小】【软化】分别设置为10像素、0像素，将【角度】【高度】均设置为30度，将【高光模式】设置为"滤色"，将【颜色】设置为"白色"，将【不透明度】设置为75%，将【阴影模式】设置为"正片叠底"，将【颜色】设置为"黑色"，将【不透明度】设置为75%，如图2-50所示。

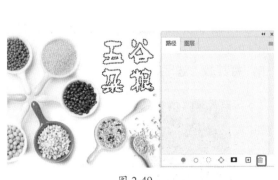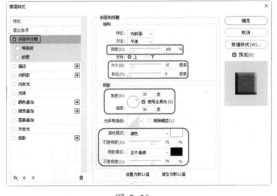

图 2-49　　　　　　　　　　　　　　　　　　图 2-50

（13）在【图层样式】对话框中勾选【描边】复选框，在【结构】选项组中将【大小】设置为2像素，将【位置】设置为"外部"，将【颜色】设置为#b89090，如图2-51所示。

（14）勾选【渐变叠加】复选框，将【渐变】设置为"前景色到透明渐变"，将左侧色标的颜色设置#823135，将【角度】设置为0度，如图2-52所示。

（15）勾选【投影】复选框，将【不透明度】设置为50%，将【角度】设置为120度，【距离】【扩展】【大小】分别设置为10像素、0%、10像素，如图2-53所示。

（16）单击【确定】按钮，即可完成对豆粒文字的设置，效果如图2-54所示。

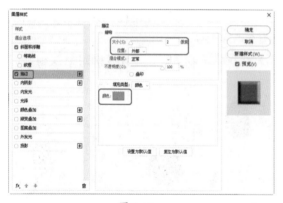

图 2-51　　　　　　　　　　　　　　图 2-52

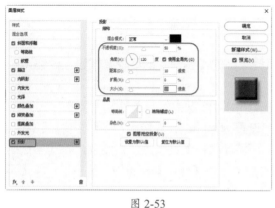
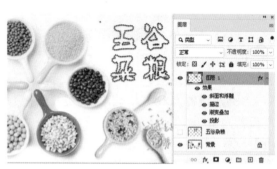

图 2-53　　　　　　　　　　　　　　图 2-54

（17）在菜单栏中选择【文件】|【置入嵌入对象】命令，选择【素材 \Cha02\ 五谷 .jpg】素材文件，单击【置入】按钮，调整素材文件位置，按 Enter 键完成置入。将该图层调整至【图层 1】的下方，适当调整素材文件的位置，效果如图 2-55 所示。

（18）按住 Ctrl 键在隐藏图层的缩览图上单击，将其载入选区，如图 2-56 所示。

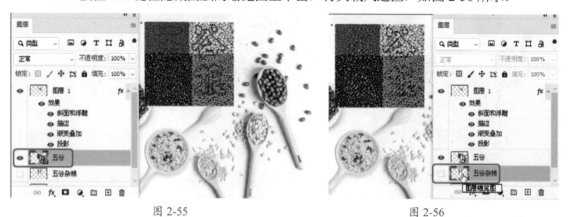

图 2-55　　　　　　　　　　　　　　图 2-56

（19）在【图层】面板中将置入的图层栅格化。按 Shift+Ctrl+I 组合键将选区反选，按 Delete 键将选区中的对象删除，按 Ctrl+D 组合键取消选区。在菜单栏中选择【文件】|【置入

嵌入对象】命令，弹出【置入嵌入的对象】对话框，选择【素材 \Cha02\ 素材 6.png】素材文件，单击【置入】按钮，调整素材的大小及位置，如图 2-57 所示。将制作完成后的场景进行保存即可。

图 2-57

实例 037　制作石刻文字

本例将通过为文字添加【斜面和浮雕】和【内阴影】图层样式制作出石刻文字的效果。制作完成后的效果如图 2-58 所示。

（1）按 Ctrl+O 组合键，打开【素材 \Cha02\ 素材 7.jpg】素材文件，在工具箱中选择【横排文字工具】，输入"黄河入海口"。在工具选项栏中，设置【字体】为"方正行楷简体"，设置【字体大小】为 120 点，设置【字符间距】为 0，设置【颜色】为 # ff0000，单击【仿粗体】按钮，效果如图 2-59 所示。

（2）在【图层】面板中，将【填充】设置为 50%，将【混合模式】设置为"变暗"，按 Enter 键确认，如图 2-60 所示。

图 2-58

图 2-59

图 2-60

（3）在【图层】面板中双击文字图层，在弹出的【图层样式】对话框中选择【斜面和浮雕】选项，在【结构】选项组中将【样式】设置为"外斜面"，将【方法】设置为"雕刻清晰"，将【深度】设置为1%，将【方向】设置为"下"，将【大小】设置为5像素，在【阴影】选项组中勾选【使用全局光】复选框，将【角度】设置为30度，将【高度】设置为35度，如图2-61所示。

（4）勾选【内阴影】复选框，将【不透明度】设置为75%，将【角度】设置为30度，将【距离】设置为2像素，将【阻塞】设置为0，将【大小】设置为5像素，单击【确定】按钮，如图2-62所示。

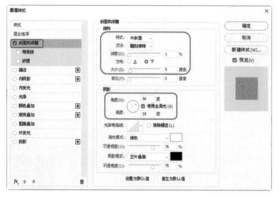
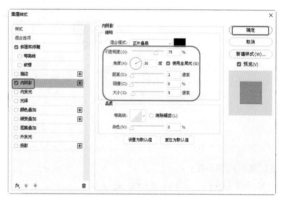

图 2-61　　　　　　　　　　　图 2-62

（5）按Ctrl+T组合键，对文字位置进行适当的调整，如图2-63所示。

图 2-63

实例 038　　制作钢纹字

本例将制作钢纹字，方法是通过【图层样式】来表现钢纹效果，完成后的效果如图2-64所示。

（1）按Ctrl+O组合键，打开【素材\Cha02\素材8.jpg】素材文件，如图2-65所示。

（2）在工具箱中选择【横排文字工具】，输入文本，将【字体】设置为"方正水柱简体"，将【字体大小】设置为95点，将【字符间距】设置为0，将【文本颜色】设置为黑色，如图2-66所示。

图 2-64

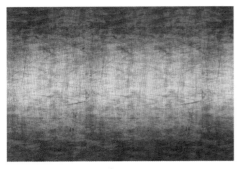

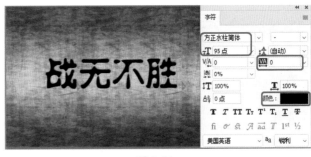

图 2-65　　　　　　　　　　　　　　　　　　图 2-66

（3）在文本图层上双击鼠标，弹出【图层样式】对话框，勾选【斜面和浮雕】复选框，在【结构】选项组中将【样式】设置为"内斜面"，将【方法】设置为"平滑"，将【深度】设置为450%，将【方向】设置为"上"，将【大小】【软化】分别设置为4像素、0像素，将【阴影】选项组中的【角度】【高度】分别设置为90度、30度，如图2-67所示。

（4）勾选【描边】复选框，将【大小】设置为2像素，将【位置】设置为"外部"，将【不透明度】设置为76%，将【填充类型】设置为"颜色"，将【颜色】设置为#748d9e，如图2-68所示。

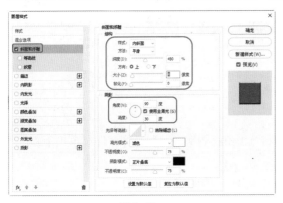

图 2-67　　　　　　　　　　　　　　　　　　图 2-68

（5）勾选【光泽】复选框，将【混合模式】设置为"正片叠底"，将【颜色】设置为白色，将【不透明度】设置为60%，将【角度】设置为19度，将【距离】【大小】设置为10像素、15像素，将【等高线】设置为"高斯"，取消勾选【消除锯齿】复选框，勾选【反相】复选框，如图2-69所示。

（6）勾选【渐变叠加】复选框，单击【渐变】右侧的颜色条，弹出【渐变编辑器】对话框，将0位置处的色标颜色设置为#a4a3a3；在11%、38%、62%位置处添加色标，将颜色设置为白色；在25%位置处添加色标，将颜色设置为#c0c0c0；在50%处添加色标，将颜色设置为#c0c0c0；在73%位置处添加色标，将73%和100%位置处的色标颜色都设置为#a9a9a9，将【名称】设置为"灰白渐变"，如图2-70所示。

（7）单击【确定】按钮，返回至【图层样式】对话框，将【不透明度】设置为20%，将【角度】设置为125度，将【缩放】设置为130%，如图2-71所示。

（8）勾选【图案叠加】复选框，单击【图案】下拉按钮，在弹出的下拉面板中单击右侧的按钮✿·，在弹出的下拉列表中选择【导入图案】命令，如图2-72所示。

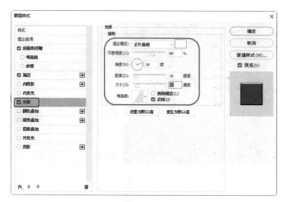

图 2-69

图 2-70

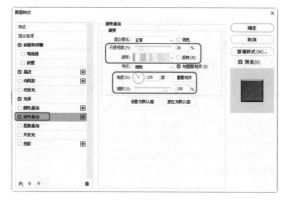

图 2-71

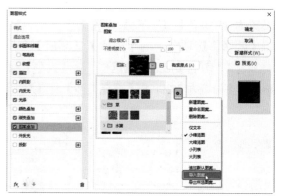

图 2-72

（9）在弹出的【载入】对话框中，选择【素材 \Cha02\ 图案 .pat】素材文件，单击【载入】按钮，如图 2-73 所示。

（10）单击【图案】下三角按钮，选择如图 2-74 所示的图案。

图 2-73

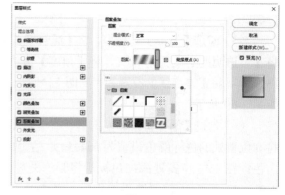

图 2-74

（11）勾选【纹理】复选框，使用同样的方法载入图案，将【缩放】【深度】都设置为 5%，如图 2-75 所示。

（12）勾选【外发光】复选框，将【混合模式】设置为"叠加"，将【不透明度】【杂色】

设置为 55%、0%,将【颜色】设置为黑色;将【图素】选项组下的【方法】设置为"柔和",将【扩展】【大小】设置为 15%、15 像素;将【品质】选项组下的【范围】【抖动】设置为50%、0%,如图 2-76 所示。

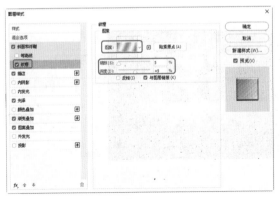

图 2-75

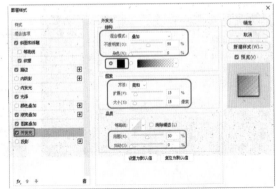

图 2-76

(13)勾选【投影】复选框,将【不透明度】【角度】【距离】【扩展】【大小】分别设置为 45%、90 度、10 像素、35%、20 像素,单击【确定】按钮,如图 2-77 所示。

(14)制作完成后的效果如图 2-78 所示。

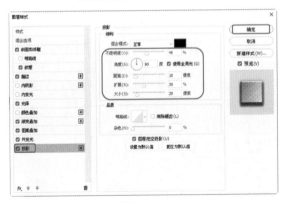

图 2-77

图 2-78

实例 039　制作炫光字

本例主要介绍一款较为梦幻的新年文字的制作方法。其中单个文字效果的制作并不复杂,用图层样式及一些滤镜等就可以实现。不过文字的美化部分就要花费一定的心思,需把文字的梦幻效果加强,其效果如图 2-79 所示。

(1)按 Ctrl+O 组合键,打开【素材 \Cha02\ 素材 9.jpg】素材文件,如图 2-80 所示。

图 2-79

（2）在工具箱中选择【横排文字工具】 ，输入文本，将【字体】设置为"Rockwell Extra Bold"，将【字体大小】设置为120点，将【字符间距】设置为0，将【颜色】设置为黑色，如图2-81所示。

图2-80 图2-81

（3）在【图层】面板中双击【2023】文本图层，弹出【图层样式】对话框，勾选【斜面和浮雕】复选框，在【结构】选项组中将【样式】设置为"内斜面"，将【方法】设置为"平滑"，将【深度】设置为1000%，将【大小】【软化】分别设置为6像素、0像素，在【阴影】选项组中，将【角度】【高度】设置为120度、37度，将【高光模式】设置为"滤色"，将【颜色】设置为白色，将【不透明度】设置为70%，将【阴影模式】设置为"叠加"，将【颜色】设置为白色，将【不透明度】设置为45%，如图2-82所示。

（4）勾选【光泽】复选框，将【混合模式】设置为"线性减淡（添加）"，将【颜色】设置为白色，将【不透明度】设置为26%，将【角度】设置为23度，将【距离】【大小】分别设置为42像素、49像素，勾选【消除锯齿】复选框，将【等高线】设置为"锥形"，如图2-83所示。

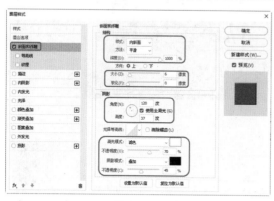
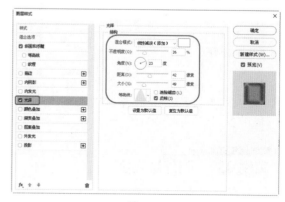

图2-82 图2-83

（5）勾选【外发光】复选框，将【混合模式】设置为"颜色减淡"，将【不透明度】设置为17%，将【杂色】设置为0%，将【颜色】设置为白色，将【方法】设置为"柔和"，将【扩展】设置为0%，将【大小】设置为30像素，将【范围】设置为24%，如图2-84所示。单击【确定】按钮。

（6）在【图层】面板中将【填充】设置为0%，对【2023】文本图层进行复制。在【2023拷贝】图层上单击鼠标右键，在弹出的快捷菜单中选择【栅格化文字】命令。按Ctrl+T组合键，在工作界面"2023"文本上单击鼠标右键，在弹出的快捷菜单中选择【垂直翻转】命令，适当调整文字的位置，按 Enter 键确认变换，如图 2-85 所示。

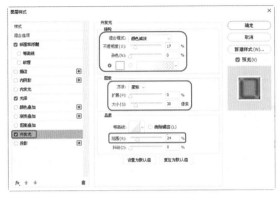

图 2-84

图 2-85

（7）在【图层】面板中选中【2023 拷贝】图层，单击【添加矢量蒙版】按钮 ◻ 。在工具箱中选择【渐变工具】 ▦ ，将【渐变】设置为"黑白渐变"。确认【前景色】为黑色，【背景色】为白色，在工作界面中拖曳鼠标，制作出炫光字的倒影效果，如图 2-86 所示。

（8）选中【2023】文本图层，对图层进行复制，将文本颜色更改为白色。单击鼠标右键，在弹出的快捷菜单中选择【清除图层样式】命令。再次在图层上单击鼠标右键，在弹出的快捷菜单中选择【栅格化文字】命令，按住 Ctrl 键在左侧的缩览图上单击，如图 2-87 所示。

图 2-86

图 2-87

（9）在工具箱中选择【矩形选框工具】 ▭ ，在工具选项栏中单击【从选区减去】按钮 ◻ ，在"2023"文本的下半部分进行框选，减去文本的下半部分，如图 2-88 所示。

（10）在【图层】面板中单击【添加矢量蒙版】按钮 ◻ ，在图层上双击鼠标左键，弹出【图层样式】对话框，勾选【渐变叠加】复选框，将【混合模式】设置为"线性减淡（添加）"，取消勾选【仿色】复选框，将【不透明度】设置为 27%，单击【渐变】右侧的渐变条，选择"前景色到透明渐变"选项，将左侧色标、右侧色标都设置为白色，将【角度】设置为 -90 度，将【缩放】设置为 54%，单击【确定】按钮，如图 2-89 所示。

（11）在【图层】面板中将【混合模式】设置为"叠加"，将【填充】设置为 0%，如图 2-90 所示。

（12）按 Ctrl+O 组合键，打开【素材\Cha02\炫光字光效.psd】素材文件，选择【G1】~【G4】
图层，如图 2-91 所示。

图 2-88

图 2-89

图 2-90

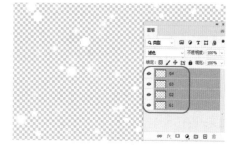

图 2-91

（13）将对象拖曳至【素材 9.jpg】素材文件中，调整对象的位置，效果如图 2-92 所示。

（14）在【图层】面板中单击【创建新的填充或调整图层】按钮 ，在弹出的下拉菜单
中选择【曲线】命令。在【属性】面板中，添加曲线点，将 A 点的【输入】【输出】分别设
置为 67、55，将 B 点的【输入】【输出】分别设置为 130、130，将 C 点的【输入】【输出】
分别设置为 188、189，如图 2-93 所示。

图 2-92

图 2-93

实例 040　制作卡通文字

利用 Photoshop，我们可以制作各种文字特效，本例向大家介绍一种实用的制作卡通文字
特效的方法，完成后的效果如图 2-94 所示。

（1）按 Ctrl+O 组合键，打开【素材\Cha02\素材 10.jpg】素材文件，如图 2-95 所示。

（2）在工具箱中选择【横排文字工具】，输入文字"T"，将【字体】设置为"方正剪纸简体"，将【字体大小】设置为 280 点，将【字体颜色】设置为 #ff0000，按小键盘上的 Enter 键，然后按 Ctrl+T 组合键，对其进行自由变换。设置完成后，按 Enter 键确认输入，效果如图 2-96 所示。

图 2-94

图 2-95

图 2-96

（3）打开【图层】面板，双击文字图层，打开【图层样式】对话框，选择【斜面和浮雕】复选框，在【结构】选项组下设置【样式】为"浮雕效果"，将【深度】设置为 200%，将【大小】设置为 76 像素，将【软化】设置为 16 像素；在【阴影】选项组下设置【角度】为 120 度，设置【高度】为 43，设置【高光模式】的【不透明度】为 56%，设置【阴影模式】下的【不透明度】为 30%，如图 2-97 所示。

（4）选择【描边】复选框，将【大小】设置为 15 像素，将【位置】设置为"外部"，将【填充类型】设置为"颜色"，将【颜色】设置为白色，如图 2-98 所示。

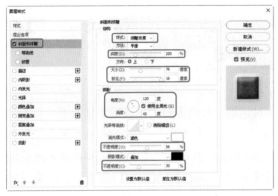

图 2-97

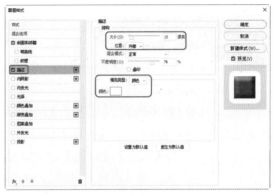

图 2-98

（5）单击【确定】按钮。使用同样的方法输入其他文字，并对其进行相应的设置。将文本成组，完成后的效果如图 2-99 所示。

图 2-99

实例 041　制作牛奶文字

本例先为文本添加图层样式，然后置入相应的素材文件，为素材文件创建剪贴蒙版后制作出牛奶文字，效果如图 2-100 所示。

（1）按 Ctrl+O 组合键，打开【素材 \Cha02\ 素材 11.jpg】素材文件，如图 2-101 所示。

图 2-100

（2）在菜单栏中选择【文件】|【置入嵌入对象】命令，弹出【置入嵌入的对象】对话框，选择【素材 \Cha02\ 牛奶字 .png】素材文件，单击【置入】按钮，调整素材的大小及位置，如图 2-102 所示。

图 2-101

图 2-102

（3）双击【纯牛奶】图层，弹出【图层样式】对话框，勾选【斜面和浮雕】复选框，将【样式】设置为"内斜面"，将【方法】设置为"平滑"，将【深度】设置为 100%，将【方向】设置为"上"，将【大小】【软化】分别设置为 17 像素、1 像素；在【阴影】选项组下将【角度】设置为 120 度，将【高度】设置为 30 度，将【光泽等高线】设置为"线性"，将【高光模式】设置为"滤色"，将【颜色】设置为白色，将【不透明度】设置为 61%，将【阴影模式】

设置为"正片叠底",将【颜色】设置为黑色,将【不透明度】设置为39%,单击【确定】按钮,如图 2-103 所示。

（4）在菜单栏中选择【文件】|【置入嵌入对象】命令,弹出【置入嵌入的对象】对话框,选择【素材 \Cha02\ 牛奶 .png】素材文件,单击【置入】按钮,调整素材位置,如图 2-104 所示。

（5）在【牛奶】图层上单击鼠标右键,在弹出的快捷菜单中选择【创建剪贴蒙版】命令,效果如图 2-105 所示。

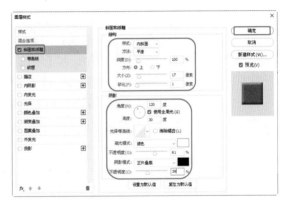

图 2-103

图 2-104

图 2-105

实例 042　制作圆点排列文字

下面介绍如何制作圆点排列文字,本例主要使用了【通道】和【色彩半调】功能,完成后的效果如图 2-106 所示。

（1）按 Ctrl+O 组合键,打开【素材 \Cha02\ 素材 12.jpg】素材文件,如图 2-107 所示。

图 2-106

图 2-107

（2）在工具箱中选择【直排文字蒙版工具】 ，打开【通道】面板，单击【创建新通道】按钮 创建 Alpha 通道。在工具选项栏中，将【字体】设置为"方正隶二简体"，将【字体大小】设置为 300 点。在【字符】面板中，将【字符间距】设置为 -90，将【水平缩放】和【垂直缩放】设置为 100%。设置完成后，在画布中输入文字，如图 2-108 所示。

（3）按小键盘上的 Enter 键确认输入文字。按 Ctrl+Shift+I 组合键进行反选，按 Shift+F6 组合键打开【羽化选区】对话框，将【羽化半径】设置为 3 像素，单击【确定】按钮。将【前景色】设置为白色，按 Alt+Delete 组合键为选区填充颜色，按 Ctrl+D 组合键取消选区，完成后的效果如图 2-109 所示。

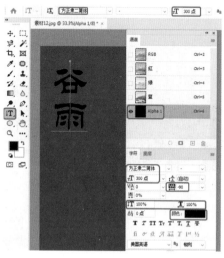
图 2-108

图 2-109

（4）在菜单栏中选择【滤镜】|【像素化】|【彩色半调】命令，打开【彩色半调】对话框，将【最大半径】设置为 5 像素，单击【确定】按钮，如图 2-110 所示。

（5）按住 Ctrl 键单击 Alpha 通道前面的缩览图，将其载入选区。打开【图层】面板，新建一个图层，按 Shift+Ctrl+I 组合键进行反选；将【前景色】设置为 #1f783e，按 Alt+Delete 组合键进行填充，然后按 Ctrl+D 组合键取消选区，调整其位置，效果如图 2-111 所示。

图 2-110

图 2-111

实例 043　制作美食画册封面【视频】

　　选择【矩形工具】，设置【填充】【描边】【描边宽度】参数，调整矩形的位置。利用【横排文字蒙版工具】输入文本，设置相应参数，最终效果如图 2-112 所示。

图 2-112

实例 044　制作店铺招牌字【视频】

　　使用【横排文字工具】输入文字，通过旋转对文字进行调整，最终制作出如图 2-113 所示的效果。

图 2-113

实例 045　制作简约标志【视频】

　　通过【矩形工具】绘制矩形，再利用【横排文字工具】制作出简约标志，其效果如图 2-114 所示。

图 2-114

实例 046　　制作杂志页面【视频】

　　通过【横排文字工具】输入文本，设置字体、文本颜色后，再利用【钢笔工具】绘制形状，最后创建段落文字来制作杂志页面，效果如图 2-115 所示。

图 2-115

实例 047　　制作雨水节日海报【视频】

　　通过【直排文字工具】输入文本，设置【字体】【字体大小】【字符间距】【颜色】后完善雨水节日海报效果，如图 2-116 所示。

图 2-116

Chapter 03

图像处理技法

本章导读：

    本章主要介绍如何对图像进行编辑和处理，读者从中可以了解到图层、通道，以及滤镜的简单使用方法。下面通过实例来学习图像的处理技巧。

⬛⬛⬛⬛⬛⬛⬛ **实例 048　虚化背景内容**

　　本例使用【高斯模糊】滤镜将画面进行虚化，再使用图层蒙版擦除人物身体上方的模糊效果，使视觉点聚焦在人物身上，效果如图 3-1 所示。

　　（1）按 Ctrl+O 组合键，打开【素材 \Cha03\ 素材 1.jpg】素材文件，如图 3-2 所示。

　　（2）按 Ctrl+J 组合键复制图层，在菜单栏中选择【滤镜】|【模糊】|【高斯模糊】命令，弹出【高斯模糊】对话框，将【半径】设置为 2 像素，单击【确定】按钮，如图 3-3 所示。

图 3-1　　　　　　　　　　　图 3-2　　　　　　　　　　　图 3-3

　　（3）单击【图层】面板底部的【添加图层蒙版】按钮 ◻，添加图层蒙版后的效果如图 3-4 所示。

　　（4）将前景色设置为黑色，在工具箱中选择【画笔工具】✎，在工具属性栏中打开【画笔预设】选取器，选择一种柔边缘画笔，设置画笔【大小】为 20 像素，设置【硬度】为 0%，如图 3-5 所示。

图 3-4　　　　　　　　　　　　　　图 3-5

　　（5）设置完成后，在人物身体处按住鼠标左键进行涂抹，如图 3-6 所示。

　　（6）按 Ctrl+Shift+Alt+E 组合键，将图层进行盖印。选择盖印后的图层，在菜单栏中选择【滤镜】|【模糊】|【高斯模糊】命令，在弹出的【高斯模糊】对话框中设置【半径】为 10 像素，如图 3-7 所示。

图 3-6　　　　　　　　　　　　　　　　　　　图 3-7

（7）单击【确定】按钮，强化景深后的效果如图 3-8 所示。

（8）单击【图层】面板底部的【添加图层蒙版】按钮 ▢，为盖印的图层添加图层蒙版。将前景色设置为黑色，选择工具箱中的【画笔工具】，在选项栏中选择合适的画笔大小，然后在人物身上及周围进行涂抹，如图 3-9 所示。

图 3-8　　　　　　　　　　　　　　　图 3-9

实例 049　卡通网络头像

本例首先使用工具制作头像的背景，再使用【椭圆选框工具】在儿童的脸颊处制作可爱粉嫩的腮红，最后置入素材，呈现超萌的头像效果，如图 3-10 所示。

（1）在菜单栏中选择【文件】|【新建】命令，在弹出的【新建文档】对话框中设置【宽度】【高度】均为 1500 像素，设置【分辨率】为 300 像素 / 英寸，设置【颜色模式】为"RGB 颜色 /8bit"，设置【背景内容】为白色，单击【创建】按钮，如图 3-11 所示。

（2）将前景色设置为 #fd6791，按 Alt+Delete 组合键填充前景色，如图 3-12 所示。

图 3-10

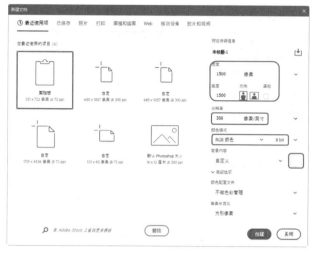

图 3-11　　　　　　　　　　　　　　　　　图 3-12

（3）在菜单栏中选择【文件】|【置入嵌入对象】命令，选择【素材 \Cha03\ 素材 2.jpg】素材文件，单击【置入】按钮，调整素材的大小及位置。在菜单栏中选择【图层】|【栅格化】|【智能对象】命令，将图层栅格化，效果如图 3-13 所示。

（4）在工具箱中选择【椭圆选框工具】，按住 Shift 键绘制一个正圆形选区，如图 3-14 所示。

图 3-13　　　　　　　　　　　　　　　　　图 3-14

（5）在【图层】面板底部单击【添加图层蒙版】按钮 ▣，基于选区为该图层添加蒙版，如图 3-15 所示。

（6）新建【腮红】图层，在工具箱中选择【椭圆选框工具】，在选项栏中设置【羽化】为 5 像素，在左脸位置绘制一个椭圆选区，并对选区进行适当旋转，如图 3-16 所示。

 提示：
在菜单栏中选择【选择】|【变换选区】命令，可对绘制的椭圆选区进行旋转变换。

<table>
<tr><td>图 3-15</td><td>图 3-16</td></tr>
</table>

（7）将前景色设置为 #fabcbb，按 Alt+Delete 组合键进行填充，按 Ctrl+D 组合键取消选区，如图 3-17 所示。

（8）将前景色设置为白色，在工具箱中选择【画笔工具】 ，在工具选项栏中打开【画笔预设】选取器，选择一个柔边缘画笔笔尖，设置画笔【大小】为 5 像素，如图 3-18 所示。

图 3-17　　　　　　　　　　　　　　　图 3-18

（9）在腮红的左上角绘制高光，如图 3-19 所示。

（10）选择【腮红】图层，按 Ctrl+J 组合键进行复制，然后将复制的腮红移动到右脸处，如图 3-20 所示。

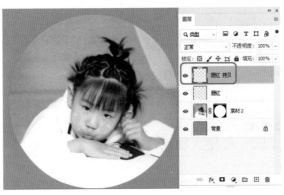

图 3-19　　　　　　　　　　　　　　　图 3-20

（11）在菜单栏中选择【编辑】|【变换】|【水平翻转】命令，将右脸处的腮红水平翻转，并适当调整位置，如图 3-21 所示。

（12）选择工具箱中的【钢笔工具】，在工具选项栏中将【工具模式】设置为"形状"，将【填充】设置为黄色，将【描边】设置为无，在画面的右侧绘制三角形，如图 3-22 所示。

（13）在黄色三角形侧面绘制一个不规则三角形，将【填充】设置为 # ffcc66，使其看起来像是黄色三角形的暗面，如图 3-23 所示。

图 3-21　　　　　　　　　　图 3-22　　　　　　　　　　图 3-23

（14）按住 Ctrl 键加选两个三角形图层，按 Ctrl+J 组合键进行复制，按 Ctrl+T 组合键调出定界框，然后进行适当调整，如图 3-24 所示。

（15）在菜单栏中选择【文件】|【置入嵌入对象】命令，选择【素材 \Cha03\ 素材 3.png】【素材 4.png】素材文件，单击【置入】按钮，调整对象的大小及位置，如图 3-25 所示。

图 3-24　　　　　　　　　　　　　　　　图 3-25

实例 050　美化人物图像

下面将介绍如何利用【脸部工具】对人物的脸部进行调整，效果如图 3-26 所示。

（1）按Ctrl+O组合键，打开【素材\Cha03\素材5.jpg】素材文件，如图3-27所示。

（2）在【图层】面板中选择【图层0】图层，右击鼠标，在弹出的快捷菜单中选择【转换为智能对象】命令，如图3-28所示。

图 3-26　　　　　　　　　　图 3-27

（3）在菜单栏中选择【滤镜】|【液化】命令，在弹出的【液化】对话框中选择【脸部工具】 👤，如图3-29所示。

（4）在【人脸识别液化】选项组中将【眼睛】下的【眼睛高度】分别设置为100、100，将【鼻子】下的【鼻子高度】设置为60，【鼻子宽度】设置为10，如图3-30所示。

图 3-28

图 3-29　　　　　　　　　　图 3-30

 提示：

选择【脸部工具】后，当照片中有多个人时，照片中的人脸会被自动识别，且其中一个人脸会被选中。被识别的人脸会列在【人脸识别液化】选项组中的【选择脸部】菜单中。可以通过在画布上单击人脸或从弹出菜单中选择人脸来选择不同的人脸。

（5）在该对话框中将【嘴唇】下的【微笑】设置为100，【嘴唇宽度】【嘴唇高度】设置为10、15，将【脸部形状】下的【前额】【下巴高度】【下颌】【脸部宽度】分别设置为-100、100、-100、-41，如图3-31所示。

（6）设置完成后，单击【确定】按钮，即可完成对人物脸部的修整，效果如图3-32所示。

图 3-31 图 3-32

实例 051 神奇放大镜

神奇放大镜效果是利用素描风格照片和原图，调整图层顺序，通过剪切蒙版来制作的放大镜效果，如图3-33所示。

（1）按Ctrl+O组合键，打开【素材\Cha03\素材6.jpg】素材文件，如图3-34所示。

（2）选择【背景】图层，按

图 3-33

Ctrl+J组合键复制图层，在菜单栏中选择【图像】|【调整】|【去色】命令，然后再次复制去色后的图层，如图3-35所示。

（3）选择【图层1拷贝】图层，按Ctrl+I组合键反相，如图3-36所示。

（4）在【图层】面板中将该图层的【混合模式】改为"颜色减淡"，照片会变为白色，如图3-37所示。

（5）在菜单栏中选择【滤镜】|【其他】|【最小值】命令，在弹出的【最小值】对话框中将【半径】设置为5像素，单击【确定】按钮，如图3-38所示。

（6）按住Ctrl键将【图层1】和【图层1拷贝】选中，按Ctrl+E组合键合并图层，如图3-39所示。

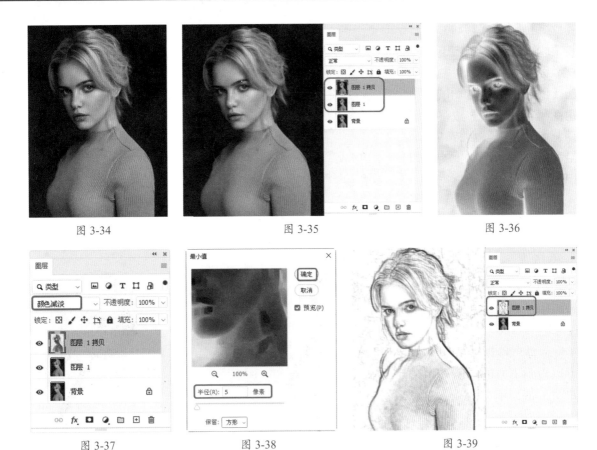

图 3-34　　　　　　　　　　　图 3-35　　　　　　　　　　　图 3-36

图 3-37　　　　　　　　　　　图 3-38　　　　　　　　　　　图 3-39

（7）选中合并后的图层，选择菜单栏中的【滤镜】|【杂色】|【添加杂色】命令，在弹出的【添加杂色】对话框中将【数量】设置为 10%，单击【确定】按钮，如图 3-40 所示。

（8）在菜单栏中选择【滤镜】|【模糊】|【动感模糊】命令，在弹出的【动感模糊】对话框中将【角度】设置为 45 度，将【距离】设置为 5 像素，单击【确定】按钮，如图 3-41 所示。

（9）打开【素材 \Cha03\ 放大镜 .psd】素材文件，按住 Ctrl 键选中【镜片】图层和【镜框】图层，右击鼠标，在弹出的快捷菜单中选择【链接图层】命令，效果如图 3-42 所示。

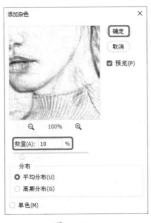

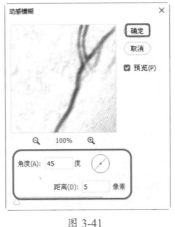

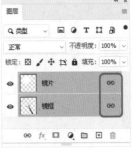

图 3-40　　　　　　　　　　　图 3-41　　　　　　　　　　　图 3-42

（10）使用【移动工具】，将【放大镜.psd】拖动至【素材 6.jpg】素材文件中，单击【图层】面板右侧的【指定图层部分锁定】按钮🔒解锁背景图层，然后将其拖动至【镜片】图层的上方，如图 3-43 所示。

（11）将【镜框】图层移动至背景层上方，如图 3-44 所示。

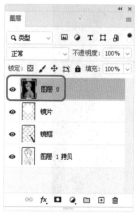
图 3-43

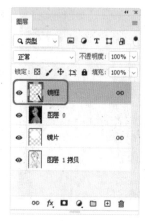
图 3-44

（12）按住 Alt 键，在人物图层和【镜片】图层之间单击，创建剪切蒙版，如图 3-45 所示。

（13）移动放大镜，就可以看到下方的彩色人物，如图 3-46 所示。

图 3-45

图 3-46

实例 052　更换人物背景颜色

本例首先打开素材文件，使用【魔棒工具】选择人物外的区域，再通过创建专色通道来更换人物背景颜色，效果如图 3-47 所示。

（1）按 Ctrl+O 组合键，打开【素材 \Cha03\ 素材 7.jpg】素材文件，如图 3-48 所示。

（2）在工具箱中选择【魔棒工具】，在打开的素材图片中拖动鼠标，选择除人物外的区域，如图 3-49 所示。

图 3-47

图 3-48

图 3-49

（3）打开【通道】面板，按住 Ctrl 键的同时单击【新建专色通道】按钮，创建一个专色通道。在弹出的对话框中单击【油墨特性】选项组中【颜色】右侧的色块，在弹出的【拾色器（专色）】对话框中将 RGB 值设置为 246、122、191，如图 3-50 所示。

（4）单击【确定】按钮，再次返回【新建专色通道】对话框，将【密度】设置为 50%，如图 3-51 所示。

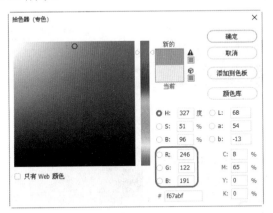

图 3-50

图 3-51

（5）单击【确定】按钮，然后在【通道】面板中单击右上角的 ☰ 按钮，在弹出的下拉菜单中选择【合并专色通道】命令，如图 3-52 所示。

（6）合并专色通道后的效果如图 3-53 所示。

图 3-52

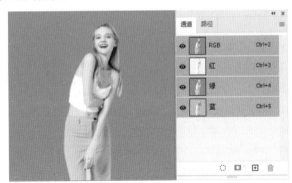

图 3-53

> **提示：**
> 合并专色通道指的是将专色通道中的颜色信息混合到其他的各个原色通道中。它会为图像在整体上添加一种颜色，使得图像带有该颜色的色调。

实例 053　**运动效果**

本例主要是通过对素材的选取，为素材背景使用【动感模糊】，将素材变为动态效果。其完成后的效果如图 3-54 所示。

（1）按 Ctrl+O 组合键，弹出【打开】对话框，打开【素材 \Cha03\ 素材 8.jpg】素材文件，如图 3-55 所示。

（2）选择【磁性套索工具】为人物绘制选区，如图 3-56 所示。

图 3-54　　　　　　　　图 3-55　　　　　　　　图 3-56

（3）打开【图层】面板，按 Ctrl+J 组合键，对选区进行复制，如图 3-57 所示。

（4）选择【背景】图层，在菜单栏中选择【滤镜】|【模糊】|【动感模糊】命令，弹出【动感模糊】对话框，将【角度】设置为 34 度，将【距离】设置为 40 像素，然后单击【确定】按钮，如图 3-58 所示。

（5）在菜单栏中选择【文件】|【存储为】命令，弹出【存储为】对话框，设置保存路径及格式，单击【保存】按钮，如图 3-59 所示。

（6）弹出提示对话框，单击【确定】按钮即可，如图 3-60 所示。

图 3-57　　　　　　　　图 3-58

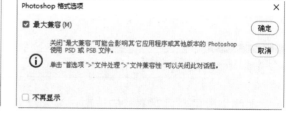

图 3-59　　　　　　　　　　　图 3-60

● ● ● ● ● ● ● ● ●
实例 054　素描图像效果

本例主要介绍素描图像效果的制作，方法是通过【去色】功能对素材进行去色，再通过【混合模式】功能调淡颜色，并使用滤镜进行进一步操作，效果如图 3-61 所示。

（1）按 Ctrl+O 组合键，打开【素材 \Cha03\ 素材 9.jpg】素材文件，如图 3-62 所示。

（2）执行【图像】|【调整】|【去色】命令，对图像进行去色，如图 3-63 所示。

图 3-61

图 3-62

图 3-63

（3）选择【背景】图层，按两次 Ctrl+J 组合键复制图层，选择【图层 1 拷贝】图层，按 Ctrl+I 组合键进行反相，并将该图层的【混合模式】设置为"颜色减淡"，如图 3-64 所示。

💡 **提示：**

素描是一种用单色或少量色彩绘画材料描绘生活所见真实事物或所感的绘画形式，其使用材料有干性与湿性两大类，其中干性材料有铅笔、炭笔、粉笔、粉彩笔、蜡笔、炭精笔、银笔等，而湿性材料有水墨、钢笔、签字笔、苇笔、翮笔、竹笔、圆珠笔等。习惯上素描是以单色画为主，但在美术辞典中，水彩画也属于素描。

图 3-64

（4）继续选择【图层 1 拷贝】图层，在菜单栏中选择【滤镜】|【其它】|【最小值】命令，弹出【最小值】对话框，将【半径】设置为 10 像素，将【保留】设置为"方形"，如图 3-65 所示。

💡 **提示：**

在指定半径内，【最大值】和【最小值】滤镜用周围像素的最高或最低亮度值替换当前像素的亮度值。

（5）确认选择【图层 1 拷贝】图层，双击该图层，在弹出的【图层样式】对话框中选择【高级混合】的【下一图层】，按住 Alt 键拖动三角至 110 处，如图 3-66 所示。

（6）执行【滤镜】|【杂色】|【添加杂色】命令，弹出【添加杂色】对话框，将【数量】设置为 20%，将【分布】设置为"平均分布"，如图 3-67 所示。

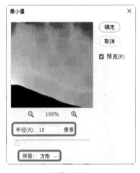

图 3-65

（7）执行【滤镜】|【模糊】|【动感模糊】命令，弹出【动感模糊】对话框，将【角度】设置为 45 度，将【距离】设置为 30 像素，然后单击【确定】按钮，如图 3-68 所示。

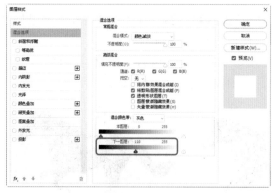

图 3-66

图 3-67

图 3-68

实例 055　彩虹特效

本例主要介绍彩虹特效的制作。方法是首先置入素材文件，使用【渐变工具】绘制彩虹，使用【橡皮擦工具】涂抹出彩虹的样子，再使用【添加蒙版图层】和【画笔工具】进行修改，得到想要的效果如图 3-69 所示。

（1）按 Ctrl+O 组合键，打开【素材 \ Cha03\ 素材 10.jpg】素材文件，如图 3-70 所示。

（2）新建【彩虹】图层，在工具箱中选择【渐变工具】，在工具选项栏中单击【渐变工具】下拉按钮，选择"罗素彩虹"；将【渐变模式】设置为"径向渐变"，将【模式】设置为"正常"，将【不透明度】设置为 100%，如图 3-71 所示。

图 3-70

图 3-71

图 3-69

（3）拖动鼠标绘制彩虹轮廓，如图 3-72 所示。

（4）按 Ctrl+T 组合键，对彩虹进行位置和大小调整，如图 3-73 所示。

（5）在工具箱中选择【橡皮擦工具】，选择一种柔边画笔，调整到适合的大小，在工具选项栏中将【不透明度】设置为 100%，在图像的下方进行涂抹，如图 3-74 所示。

图 3-72

图 3-73

图 3-74

（6）继续选择【橡皮擦工具】，在工具选项栏中将【不透明度】设置为 40%，对彩虹的左右两端进行涂抹，如图 3-75 所示。

（7）打开【图层】面板，选择【彩虹】图层，将其【混合模式】设置为"叠加"，如图 3-76 所示。

图 3-75

图 3-76

实例 056　动感雪花

本例将介绍动感雪花的制作。方法是首先使用【点状化】和【动感模糊】命令制作静态的飘雪效果，然后在【时间轴】面板中为其添加动画效果。静态的雪花效果如图 3-77 所示。

（1）按 Ctrl+O 组合键，打开【素材 \ Cha03\ 素材 11.jpg】素材文件，将【背景】图层拖曳到【图层】面板底端的 ⊞ 按钮上，复制图层，如图 3-78 所示。

（2）选择菜单栏中的【滤镜】|【像素化】|

图 3-77

【点状化】命令，在弹出的【点状化】对话框中将【单元格大小】设置为10，单击【确定】按钮，如图3-79所示。

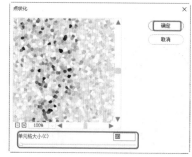

图 3-78　　　　　　　　　　　　　　　　图 3-79

（3）设置完点状化后的效果如图3-80所示。

（4）选择菜单栏中的【图像】|【调整】|【阈值】命令，在弹出的【阈值】对话框中将【阈值色阶】设置为1，单击【确定】按钮，如图3-81所示。

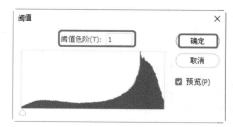

图 3-80　　　　　　　　　　　　　　　　图 3-81

（5）设置完阈值后，按Ctrl+I组合键执行反相命令，如图3-82所示。

（6）在【图层】面板中，将【背景拷贝】图层的【混合模式】设置为"滤色"，如图3-83所示。

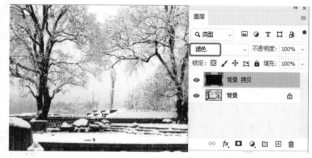

图 3-82　　　　　　　　　　　　　　　　图 3-83

（7）选择菜单栏中的【滤镜】|【模糊】|【动感模糊】命令，在弹出的【动感模糊】对

话框中将【角度】参数设置为68度，将【距离】设置为16像素，单击【确定】按钮，如图4-84所示。

（8）执行【动感模糊】命令后的效果如图3-85所示。

（9）按 Ctrl+T 组合键打开自由变换框，在工具选项栏中单击 ⊕ 按钮，将【W】

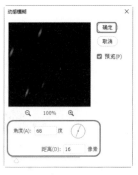

图 3-84

图 3-85

参数设置为105%，并移动图层的位置，按 Enter 键确定操作，如图3-86所示。

（10）在【图层】面板中将【背景 拷贝】图层拖曳至面板底端的 ⊞ 按钮上，复制一个新的图层，并对新复制的图层进行调整，使其产生错落的雪花效果，如图3-87所示。

图 3-86

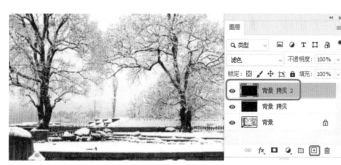

图 3-87

（11）同样在【图层】面板中复制【背景 拷贝2】，并调整它的位置，效果如图3-88所示。

（12）选择菜单栏中的【窗口】|【时间轴】命令，在弹出的【时间轴】面板中单击【创建视频时间轴】按钮，如图3-89所示。

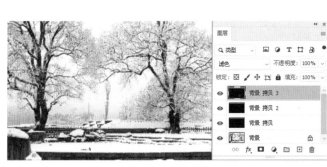

图 3-88　　　　　　　　　　　　　　　　　图 3-89

（13）在弹出的【时间轴】面板中单击左下角的 ▢▢▢ 按钮，如图3-90所示。

（14）在【时间轴】面板中确定第1帧处于选择状态，单击面板底端的 ⊞ 按钮2次，复制选择的帧，如图3-91所示。

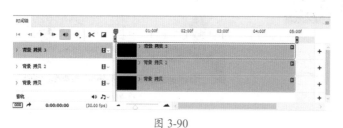

图 3-90   图 3-91

（15）在【帧动画】面板中选择第 1 帧，在【图层】面板中将【背景 拷贝 2】和【背景 拷贝 3】隐藏，然后在【帧动画】面板中将第 1 帧的帧延迟时间设置为 0.2 秒，如图 3-92 所示。

（16）选择【帧动画】面板中的第 2 帧，在【图层】面板中将【背景 拷贝】和【背景 拷贝 3】隐藏，在【帧动画】面板中将第 2 帧的帧延迟时间设置为 0.2 秒，如图 3-93 所示。

图 3-92   图 3-93

（17）选择【帧动画】面板中的第 3 帧，在【图层】面板中将【背景 拷贝】和【背景 拷贝 2】隐藏，在【动画】面板中将第 3 帧的帧延迟时间设置为 0.2 秒，如图 3-94 所示。

（18）在【帧动画】面板中将【循环选项】定义为"永远"，如图 3-95 所示。

图 3-94   图 3-95

提示：

在【时间轴】面板中单击【播放动画】按钮 ▶ 可以观看效果。

（19）在菜单栏中选择【文件】|【导出】|【存储为 Web 所用格式（旧版）】命令，在弹出的对话框中将【保存格式】定义为 GIF，单击【存储】按钮，如图 3-96 所示。

（20）在弹出的对话框中选择保存路径，为文件命名，单击【保存】按钮，如图 3-97 所示。

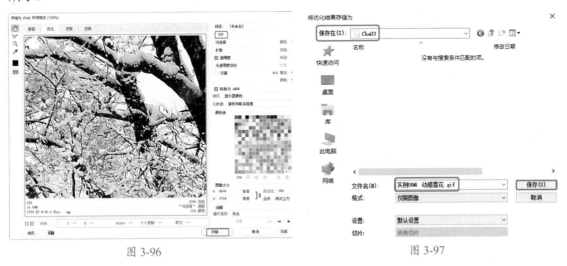

图 3-96　　　　　　　　　　　　　　　　　　图 3-97

（21）在弹出的对话框中单击【确定】按钮，将动画渲染输出，如图 3-98 所示。

（22）最后将制作完成后的场景文件进行保存。按 Ctrl+S 组合键打开【存储为】对话框，选择存储路径，为文件命名，并将其格式定义为 psd，单击【保存】按钮，如图 3-99 所示。

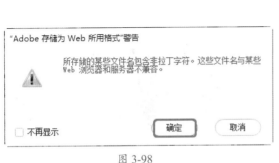

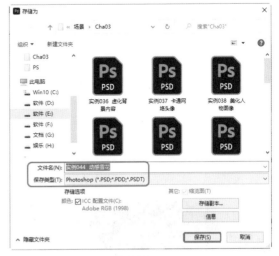

图 3-98　　　　　　　　　　　　　　　　　　图 3-99

实例 057　油画效果

本例将介绍油画效果的制作，主要是通过滤镜中的【水彩】和【特殊模糊】命令来表现的，完成后的效果如图 3-100 所示。

图 3-100

（1）按 Ctrl+O 组合键，打开【素材 \Cha03\ 素材 12.jpg】素材文件，在【图层】面板中将【背景】图层拖曳至面板底端的 ⊞ 按钮上，复制图层，如图 3-101 所示。

（2）选择菜单栏中的【滤镜】|【滤镜库】命令，在弹出的对话框中选择【艺术效果】|【水彩】选项，并将对话框中的【画笔细节】【阴影强度】和【纹理】分别设置为 10、0、3，单击【确定】按钮，如图 3-102 所示。

图 3-101

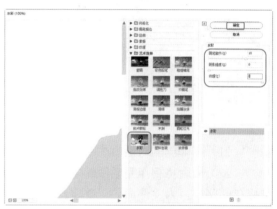

图 3-102

（3）执行命令后的效果如图 3-103 所示。

（4）选择菜单栏中的【滤镜】|【模糊】|【特殊模糊】命令，在弹出的【特殊模糊】对话框中将【半径】和【阈值】均设置为 100，将【品质】定义为"低"，然后单击【确定】按钮，如图 3-104 所示。

图 3-103

图 3-104

（5）按 Ctrl+M 组合键，在弹出的【曲线】对话框中将【输出】【输入】设置为 140、120，单击【确定】按钮，如图 3-105 所示。

（6）至此，油画效果制作完成，将制作完成后的场景文件和效果进行存储即可。

💡 提示：
【特殊模糊】滤镜提供了【半径】【阈值】和【品质】等选项，可更加精确地模糊图像。

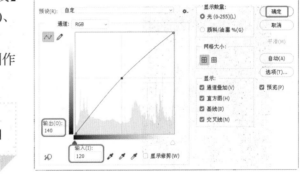

图 3-105

● ● ● ● ● ● ● ● ●
实例 058 镜头校正图像

【镜头校正】滤镜可修复常见的镜头瑕疵、色差和晕影等，也可以修复由于相机垂直或水平倾斜而导致的图像透视现象，如图 3-106 所示。

（1）按 Ctrl+O 组合键，在弹出的对话框中打开【素材 \Cha03\ 素材 13.jpg】素材文件，如图 3-107 所示。

（2）在菜单栏中选择【滤镜】|【镜头校正】命令，弹出【镜头校正】对话框，其中左侧是工具栏，中间部分是预览窗口，右侧是参数设置区域。在【镜头校正】对话框中，将【相机制造商】设置为"Canon"，勾选【晕影】复选框，如图 3-108 所示。

图 3-106

图 3-107

图 3-108

（3）在该对话框中选择【自定】选项卡，将【移去扭曲】设置为 20，将【垂直透视】【水平透视】分别设置为 7、16，将【角度】设置为 -2 度，将【比例】设置为 100%，如图 3-109 所示。

（4）单击【确定】按钮，即可完成对素材文件的校正，对比效果如图 3-110 所示。

💡 提示：
用户除了可以通过【自定】选项卡中的参数进行设置外，还可以通过左侧工具栏中的各个工具进行调整。

图 3-109

图 3-110

━━━━━━━━━━

实例 059　光照效果

本例将介绍光照效果的制作，方法是首先选择一个黑白反差比较大的通道将其载入选区，再将选区复制为图层，并对其进行径向模糊设置，完成后的效果如图 3-111 所示。

（1）按 Ctrl+O 组合键，打开【素材 \ Cha03\ 素材 14.jpg】素材文件，如图 3-112 所示。

（2）按住 Ctrl 键单击 RGB 通道的缩览图，将该通道载入选区，如图 3-113 所示。

图 3-111

图 3-112

图 3-113

（3）确定选区处于选择状态，按 Ctrl+J 组合键通过图层，将选区中的内容复制成【图层 1】，如图 3-114 所示。

（4）选择菜单栏中的【滤镜】|【模糊】|【径向模糊】命令，在弹出的对话框中将【数量】设置为 40，将【模糊方法】定义为"缩放"，然后调整【中心模糊】的位置，单击【确定】按钮，如图 3-115 所示。

图 3-114

图 3-115

> **提示：**
>
> 　　【径向模糊】对话框中包含一个【中心模糊】设置框，在设置框内单击，可以将单击点设置为模糊的原点。原点的位置不同，模糊的效果也不相同。

（5）设置完，即可展示径向模糊后的效果。

实例 060　彩色版画效果【视频】

　　本例介绍彩色版画效果的制作，方法是使用【色调分离】【查找边缘】【减少杂色】及图层【混合模式】功能制作出彩色版画效果，如图 3-116 所示。

图 3-116

实例 061　拼贴效果【视频】

　　对普通图层中的图像使用【滤镜】命令后，此效果将直接应用在图像上，原图像将遭到破坏；而对智能对象应用【滤镜】命令后，将会产生智能滤镜。智能滤镜中保留有为图像使用的所有【滤镜】命令和参数设置，这样就可以随时修改选择的【滤镜】参数，且源图像仍保留有原有的数据。本例效果如图 3-117 所示。

图 3-117

实例 062   纹理效果【视频】

【龟裂缝】滤镜会以图像为基础创建浮雕效果，设置【裂缝间距】【裂缝深度】【裂缝亮度】参数，可循着图像等高线生成精细的网状裂缝。使用该滤镜，可以为包含多种颜色值或灰度值的图像创建浮雕效果。完成后的最终效果如图 3-118 所示。

图 3-118

实例 063   朦胧风景效果【视频】

制作朦胧风景效果，可巧妙运用【画笔工具】设置不透明度来制作朦胧的层次感，完成后的效果如图 3-119 所示。

图 3-119

Chapter
04

数码照片的编辑处理

本章导读:

    日常拍摄的数码照片中经常会出现一些瑕疵,本章将综合介绍一些处理数码照片的方法,以及制作现实生活中以宣传形式出现的照片特效的方法。通过对本章的学习,读者可以对自己拍摄的数码照片进行简单的处理。

实例 064　美白牙齿

在拍完一张比较不错的照片后发现其美中不足的地方是人物的牙齿部分有些发黄。下面通过使用【去色】【亮度 / 对比度】和【色彩平衡】等命令快速美白牙齿，效果如图 4-1 所示。

（1）按 Ctrl+O 组合键，打开【素材 \ Cha04\ 素材 1.jpg】素材文件，如图 4-2 所示。

（2）在工具箱中选择【钢笔工具】 ，在工具选项栏中将【工具模式】设置为"路径"，在场景中沿人物的牙齿部分绘制路径，如图 4-3 所示。

图 4-1

图 4-2

图 4-3

（3）绘制路径完成后，按 Ctrl + Enter 组合键，将路径转换为选区，如图 4-4 所示。

（4）创建选区后，在菜单栏中选择【图像】|【调整】|【去色】命令，去掉选区中图形的颜色，此时黄色的牙斑已经被去掉，如图 4-5 所示。

 提示：

　执行【去色】命令可以删除彩色图像的颜色，但不会改变图像的颜色模式。

（5）在菜单栏中选择【图像】|【调整】|【亮度 / 对比度】命令，弹出【亮度 / 对比度】对话框，设置【亮度】为 24，【对比度】为 72，如图 4-6 所示。

（6）单击【确定】按钮，此时牙齿已经变白但是并不自然。在菜单栏中选择【图像】|【调整】|【色彩平衡】命令，弹出【色彩平衡】对话框，调整红色数值为 40，调整绿色数值为 19，调整蓝色数值为 6，如图 4-7 所示，

（7）单击【确定】按钮，按 Ctrl+D 组合键取消选区，美白牙齿操作完成。保存场景即可。

图 4-4

图 4-5

图 4-6

图 4-7

实例 065　祛除面部痘痘

下面通过实例操作，详细介绍如何使用 Photoshop 2023 软件的【污点修复画笔工具】快速祛除痘痘，效果如图 4-8 所示。

（1）按 Ctrl+O 组合键，打开【素材 \Cha04\ 素材 2.jpg】素材文件，如图 4-9 所示。

（2）在工具箱中选择【污点修复画笔工具】 ，在工作区中右击鼠标，将【大小】设置为 30 像素，如图 4-10 所示。

（3）使用【污点修复画笔工具】在人物面部的痘痘上单击，即可修复人物面部的痘痘，如图 4-11 所示。

（4）使用同样的方法，在人物图像中的其他痘痘上单击进行修复，前后对比效果如图 4-12 所示。

图 4-8

图 4-9   图 4-10

图 4-11   图 4-12

提示：

【污点修复画笔工具】，不需要定义取样点，在想消除杂色的地方单击即可。该工具叫【污点修复画笔工具】，意思就是适合消除画面中的细小污点部分，因此不适合大面积污点。

实例 066 祛除面部瑕疵

下面通过实例操作，详细介绍如何使用【修复画笔工具】祛除人物面部的瑕疵。祛除后的效果如图 4-13 所示。

（1）按 Ctrl+O 组合键，打开【素材 \Cha04\ 素材 3.jpg】素材文件，如图 4-14 所示。

（2）在工具箱中选择【修复画笔工具】，在工具选项栏中将【画笔】设置为 25，按住 Alt 键在人物面部进行取样，如图 4-15 所示。

（3）取样完成后，在图像上对人物脸颊涂抹进行修饰，效果如图 4-16 所示。

图 4-13

图 4-14

图 4-15

图 4-16

（4）使用同样的方法对人物脸部其他位置进行修饰，祛除面部瑕疵，祛除前后效果如图 4-17 所示。

图 4-17

◆◆◆◆◆◆◆◆

实例 067　为照片添加光晕效果

　　本例将使用【镜头光晕】滤镜模仿太阳光，为照片添加光晕效果。完成后的效果如图 4-18 所示。

（1）按 Ctrl+O 组合键，打开【素材 \Cha04\ 素材 4.jpg】素材文件，如图 4-19 所示。

图 4-18　　　　　　　　　　　　　　　　　　　　　图 4-19

（2）在【图层】面板中选择【背景】图层，按 Ctrl+J 组合键将其复制。选中复制后的图层，在菜单栏中选择【滤镜】|【模糊】|【高斯模糊】命令，如图 4-20 所示。

（3）在弹出的对话框中将【半径】设置为 50 像素，单击【确定】按钮。在【图层】面板中选择【图层 1】，将【不透明度】设置为 60%，单击【添加图层蒙版】按钮 ▫ 。在工具箱中选择【画笔工具】 ✎ ，将前景色设置为黑色，如图 4-21 所示。

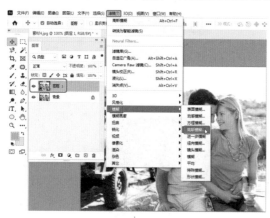
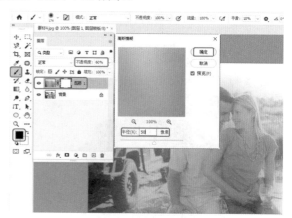

图 4-20　　　　　　　　　　　　　　　　　　　　　图 4-21

（4）使用【画笔工具】在工作区中进行涂抹，完成后的效果如图 4-22 所示。

（5）在【图层】面板中单击【创建新的填充或调整图层】按钮 ◑. ，在弹出的下拉列表中选择【曲线】命令，如图 4-23 所示。

（6）在【属性】面板中将【当前编辑】设置为"RGB"，添加一个编辑点，将其【输入】【输出】分别设置为 187、217；再添加一个编辑点，将【输入】【输出】分别设置为 50、72，如图 4-24 所示。

图 4-22

图 4-23

（7）将【当前编辑】设置为"红"，添加一个编辑点，将其【输入】【输出】分别设置为 160、172；再添加一个编辑点，将【输入】【输出】分别设置为 86、121；再次添加一个

图 4-24

编辑点，将【输入】【输出】分别设置为 23、49，如图 4-25 所示。

（8）将【当前编辑】设置为"蓝"，添加一个编辑点，将其【输入】【输出】分别设置为 215、185；再添加一个编辑点，将【输入】【输出】分别设置为 71、58，如图 4-26 所示。

图 4-25

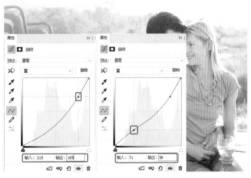

图 4-26

（9）在【图层】面板中选择【曲线 1】图层，将【不透明度】设置为 60%，如图 4-27 所示。

（10）在【图层】面板中单击【创建新图层】按钮，新建一个图层，将前景色设置为黑色，按 Alt+Delete 组合键填充前景色，如图 4-28 所示。

图 4-27   图 4-28

（11）在菜单栏中选择【滤镜】|【渲染】|【镜头光晕】命令，在弹出的对话框中选中【50-300 毫米变焦】单选按钮，并调整镜头光晕的位置，单击【确定】按钮，如图 4-29 所示。

（12）在【图层】面板中选择【图层 2】，将【混合模式】设置为"滤色"。按两次 Ctrl+J 组合键，将【图层 2】复制两次，效果如图 4-30 所示。

图 4-29   图 4-30

（13）打开【素材 \Cha04\ 素材 5.png】素材文件，在工具箱中选择【移动工具】，将【素材 5】拖曳至【素材 4】文档中按 Ctrl+T 组合键，变换选取对象，旋转角度后，按 Enter 键，效果如图 4-31 所示。

（14）在工具箱中选择【矩形工具】，在工具选项栏中将【工具模式】设置为"形状"，将【填充】的颜色值设置为 #ffffff，将【描边】设置为无，单击【路径操作】按钮，在弹出的下拉列表中选择【减去顶层形状】命令，如图 4-32 所示。

图 4-31

图 4-32

（15）在工作区中绘制一个矩形，在【属性】面板中将 W、H 分别设置为 600 像素、449 像素，将 X、Y 均设置为 0 像素，如图 4-33 所示。

（16）在工具箱中选择【矩形工具】，在工作区中绘制一个矩形，在【属性】面板中将 W、H 分别设置为 587.97 像素、440 像素，将 X、Y 均设置为 5 像素，将所有的角半径均设置为 30 像素，如图 4-34 所示。

图 4-33

图 4-34

■◆■◆■◆■◆■◆■

实例 068 　调整照片亮度

在拍照时，难免会因为光线不足而导致照片灰暗，本例将介绍如何调整照片的亮度，完成后的效果如图 4-35 所示。

（1）按 Ctrl+O 组合键，打开【素材 \Cha04\ 素材 6.jpg】素材文件，如图 4-36 所示。

（2）在【图层】面板中选择【背景】图层，按 Ctrl+J 组合键对其进行复制。选择复制后的【图层 1】，在菜单栏中选择【图像】|【调整】|【曲线】命令，如图 4-37 所示。

图 4-35

图 4-36 　　　　　　　　　　　　　　图 4-37

（3）在弹出的【曲线】对话框中将【通道】设置为"RGB"，添加一个编辑点，将【输出】【输入】分别设置为 196、166；再添加一个编辑点，将【输出】【输入】分别设置为 104、70，如图 4-38 所示。

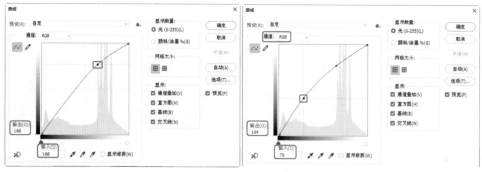

图 4-38

（4）在【曲线】对话框中将【通道】设置为"绿"，添加一个编辑点，将【输出】【输入】分别设置为 164、154，如图 4-39 所示。

（5）在【曲线】对话框中将【通道】设置为"蓝"，添加一个编辑点，将【输出】【输入】分别设置为 179、165，单击【确定】按钮，如图 4-40 所示。

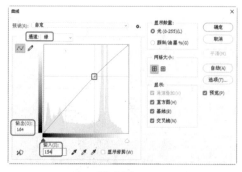
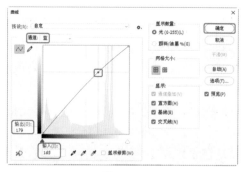

图 4-39 　　　　　　　　　　　　　　图 4-40

（6）在【图层】面板中选择【图层 1】图层，将【混合模式】设置为"滤色"，将【不透明度】设置为 60%，如图 4-41 所示。

（7）按 Ctrl+Alt+Shift+E 组合键盖印图层。选中盖印后的图层，在【图层】面板中将【混合模式】设置为"滤色"，将【不透明度】设置为 10%，如图 4-42 所示

图 4-41

图 4-42

实例 069 调整眼睛比例

本例将介绍如何调整眼睛的比例，方法是首先复制选区，然后将选区变形并调整位置，最后使用【橡皮擦工具】擦除多余的部分，完成后的效果如图 4-43 所示。

（1）按 Ctrl+O 组合键，打开【素材 \Cha04\ 素材 8.jpg】素材文件，如图 4-44 所示。

（2）在工具箱中选择【多边形套索工具】，在工作区中框选人物的右眼，如图 4-45 所示。

图 4-43

图 4-44

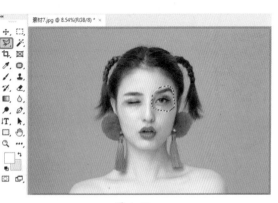

图 4-45

（3）在该对象上右击鼠标，在弹出的快捷菜单中选择【通过拷贝的图层】命令，如图 4-46 所示。

（4）按 Ctrl+T 组合键，变换选区。右击鼠标，在弹出的快捷菜单中选择【水平翻转】命令，如图 4-47 所示。

图 4-46   图 4-47

（5）翻转对象后，在文档中调整其位置和角度，按 Enter 键确认，如图 4-48 所示。

（6）在【图层】面板中选中【图层 1】图层，在工具箱中选择【橡皮擦工具】，在工具选项栏中设置【画笔】大小为 40，设置【不透明度】为 60%，在工作区中对复制后的眼睛进行擦除，效果如图 4-49 所示。

图 4-48   图 4-49

实例 070　祛除红眼

红眼是闪光灯产生的不美观现象，本例将介绍如何祛除红眼，完成后的效果如图 4-50 所示。

（1）按 Ctrl+O 组合键，打开【素材 \Cha04\ 素材 8.jpg】素材文件，如图 4-51 所示。

（2）在工具箱中选择【缩放工具】，将人物的眼部区域放大，如图 4-52 所示。

图 4-50　　　　　　　　　图 4-51　　　　　　　　　图 4-52

（3）在工具箱中选择【红眼工具】 ，在工具选项栏中将【瞳孔大小】设置为80%，将【变暗量】设置为10%，在场景文件的红眼处单击，如图4-53所示。

（4）再次使用【红眼工具】 ，将另一只眼的红眼也祛除，如图4-54所示。

图 4-53　　　　　　　　　　　　　　　　图 4-54

提示：

　　【红眼工具】可移去用闪光灯拍摄的人物照片中的红眼，也可以移去用闪光灯拍摄的动物照片中的白色或绿色反光。

实例 071　制作怀旧老照片

　　本例将介绍非常逼真的怀旧老照片的制作方法，方法是通过为照片添加一些纹理素材叠加做出图片的纹理及划痕效果，最后再整体调色。完成后的效果如图4-55所示。

（1）按 Ctrl+O 组合键，打开【素材 \Cha04\ 素材 9.jpg】素材文件，如图 4-56 所示。

图 4-55　　　　　　　　　　　　　　　　图 4-56

（2）在菜单栏中选择【文件】|【置入嵌入对象】命令，如图 4-57
所示。

（3）在弹出的对话框中选择【素材 \Cha04\ 素材 10.jpg】素材文件，
单击【置入】按钮。在工作区中调整素材的大小与位置，按 Enter 键
完成置入。在【图层】面板中将【素材 10】的【混合模式】设置为"柔
光"，将【不透明度】设置为 80%，如图 4-58 所示。

（4）在【图层】面板中选择【素材 10】图层，单击【添加图层蒙版】
按钮 □。在工具箱中选择【画笔工具】 ✎，在工具选项栏中将【画笔】
大小设置为 25，将【不透明度】设置为 50%，将前景色设置为黑色，
对人物的面部进行涂抹，效果如图 4-59 所示。

图 4-57

图 4-58　　　　　　　　　　　　　　图 4-59

（5）使用同样的方法将【素材 11.jpg】素材文件置入至文档中，并调整其位置与大小。
在【图层】面板中选择【素材 11.jpg】图层，将【混合模式】设置为"变暗"，如图 4-60
所示。

（6）在【图层】面板中单击【创建新的填充或调整图层】按钮 ◐，在弹出的下拉列表
中选择【色相 / 饱和度】命令，如图 4-61 所示。

图 4-60   图 4-61

（7）在【属性】面板中勾选【着色】复选框，将【色相】【饱和度】【明度】分别设置为 -147、-63、7，如图 4-62 所示。

图 4-62

● ● ● ● ● ● ● ●
实例 072   调整唯美暖色效果

本例将介绍如何将照片调整为唯美暖色效果，方法是为照片添加色相 / 饱和度、曲线、可选颜色等图层，然后通过调整其参数达到暖色效果。完成后的效果如图 4-63 所示。

图 4-63

（1）按 Ctrl+O 组合键，打开【素材 \Cha04\ 素材 12.jpg】素材文件，如图 4-64 所示。

（2）按 F7 键打开【图层】面板，单击【图层】面板底部的【创建新的填充或调整图层】
按钮 ◎.，在弹出的下拉列表中选择【色相 / 饱和度】命令，如图 4-65 所示。

图 4-64　　　　　　　　　　　　　　　　图 4-65

（3）在弹出的【属性】面板中将【当前编辑】设置为"全图"，将【色相】【饱和度】
【明度】分别设置为 0、-26、7，如图 4-66 所示。

（4）将【当前编辑】设置为"黄色"，将【色相】【饱和度】【明度】分别设置为 -16、-49、
0，如图 4-67 所示。

图 4-66　　　　　　　　　　　　　　　　图 4-67

（5）将【当前编辑】设置为"绿色"，将【色相】【饱和度】【明度】分别设置为 -34、-48、
0，如图 4-68 所示。

（6）在【图层】面板的底部单击【创建新的填充或调整图层】按钮 ◎.，在弹出的下拉
列表中选择【曲线】命令，如图 4-69 所示。

（7）在弹出的【属性】面板中将【当前编辑】设置为"RGB"，添加一个编辑点，将其【输
入】【输出】分别设置为 189、208，如图 4-70 所示。

（8）在该面板中选中底部的编辑点，将【输入】【输出】分别设置为 0、34，如图 4-71
所示。

图 4-68   图 4-69

图 4-70   图 4-71

（9）将【当前编辑】设置为"红"，选中曲线底部的编辑点，将【输入】【输出】分别设置为 0、33，如图 4-72 所示。

（10）将【当前编辑】设置为"绿"，选中曲线底部的编辑点，将【输入】【输出】分别设置为 22、0，如图 4-73 所示。

图 4-72   图 4-73

（11）将【当前编辑】设置为"蓝"，选中曲线底部的编辑点，将【输入】【输出】分别设置为 0、5，如图 4-74 所示。

（12）在【图层】面板的底部单击【创建新的填充或调整图层】按钮 ◑.，在弹出的下拉列表中选择【可选颜色】命令，如图 4-75 所示。

图 4-74   图 4-75

（13）在弹出的【属性】面板中将【颜色】设置为"红色"，将【青色】【洋红】【黄色】【黑色】分别设置为 -9%、10%、-7%、-2%，如图 4-76 所示。

（14）在【属性】面板中将【颜色】设置为"黄色"，将【青色】【洋红】【黄色】【黑色】分别设置为 -5%、6%、0%、-18%，如图 4-77 所示。

图 4-76   图 4-77

（15）在【属性】面板中将【颜色】设置为"青色"，将【青色】【洋红】【黄色】【黑色】分别设置为 -100%、0%、0%、0%，如图 4-78 所示。

（16）在【属性】面板中将【颜色】设置为"蓝色"，将【青色】【洋红】【黄色】【黑色】分别设置为 -64%、0%、0%、0%，如图 4-79 所示。

（17）在【属性】面板中将【颜色】设置为"白色"，将【青色】【洋红】【黄色】【黑色】分别设置为 0%、-2%、18%、0%，如图 4-80 所示。

（18）在【属性】面板中将【颜色】设置为"黑色"，将【青色】【洋红】【黄色】【黑色】分别设置为 0%、0%、-45%、0%，如图 4-81 所示。

（19）在【图层】面板中选中【选取颜色 1】调整图层，按 Ctrl+J 组合键复制图层，并将复制图层的【不透明度】设置为 30%，如图 4-82 所示。

（20）在【图层】面板的底部单击【创建新的填充或调整图层】按钮 ⚫.，在弹出的下拉列表中选择【色彩平衡】命令，如图 4-83 所示。

图 4-78　　　　　　　　　　　　　　　　图 4-79

图 4-80　　　　　　　　　　　　　　　　图 4-81

图 4-82　　　　　　　　　　　　　　　　图 4-83

（21）在弹出的【属性】面板中将【色调】设置为"阴影"，将其参数分别设置为 0、-6、10，如图 4-84 所示。

（22）在【属性】面板中将【色调】设置为"高光"，将其参数分别设置为 0、3、0，如图 4-85 所示。

图 4-84　　　　　　　　　　　　　　　　图 4-85

（23）设置完成后，按 Ctrl+J 组合键对选中的图层进行复制，按 Ctrl+Shift+Alt+E 组合键对图层进行盖印，并将盖印后的图层进行隐藏。然后选中【色彩平衡 1 拷贝】，如图 4-86 所示。

（24）在【图层】面板中单击【创建新图层】按钮田，新建一个图层。将前景色的颜色值设置为 #c1b17f，按 Alt+Delete 组合键填充前景色，如图 4-87 所示。

图 4-86　　　　　　　　　　　　　　　　图 4-87

（25）继续选中新建的【图层 2】，在【图层】面板中单击【添加图层蒙版】按钮 ☐。选择【渐变工具】，在图层蒙版中添加黑白渐变。然后使用【画笔工具】对人物进行涂抹，并将其【混合模式】设置为"滤色"，如图 4-88 所示。

（26）按 Ctrl+J 组合键，对【图层 2】进行复制。选中【图层 2 拷贝】图层，并在【图层】面板中将【不透明度】设置为 40%，如图 4-89 所示。

（27）将隐藏的【图层 1】显示，选中【图层 1】图层，在菜单栏中选择【滤镜】|【渲染】|【镜头光晕】命令，在弹出的对话框中单击【105 毫米聚焦】单选按钮，将【亮度】设置为 117%，调整光晕的位置，单击【确定】按钮，如图 4-90 所示。

（28）在【图层】面板中选中【图层 1】图层，将【混合模式】设置为"变暗"，将【不透明度】设置为 55%，如图 4-91 所示。

图 4-88

图 4-89

图 4-90

图 4-91

实例 073　制作电影色调照片效果

　　不同的图像，后期所营造的氛围也不尽相同。本例将介绍如何制作电影色调照片，效果如图 4-92 所示。

图 4-92

（1）按 Ctrl+O 组合键，打开【素材 \Cha04\ 素材 13.jpg】素材文件，如图 4-93 所示。

（2）在菜单栏中选择【文件】|【置入嵌入对象】命令，在弹出的对话框中选择【素材 \Cha04\ 素材 14.jpg】素材文件，单击【置入】按钮，按 Enter 键完成置入。在【图层】面板中将【素材 14】图层的【混合模式】设置为"柔光"，如图 4-94 所示。

图 4-93　　　　　　　　　　　　　　　　　　图 4-94

（3）在【图层】面板中单击【创建新的填充或调整图层】按钮 ●，，在弹出的下拉列表中选择【色相 / 饱和度】命令，在【属性】面板中将【色相】【饱和度】【明度】分别设置为 5、-17、15，如图 4-95 所示。

（4）在【图层】面板中单击【创建新的填充或调整图层】按钮 ●，，在弹出的下拉列表中选择【色彩平衡】命令，在【属性】面板中将【色调】设置为"中间调"，并将【青色】【洋红】【黄色】分别设置为 -31、25、12，效果如图 4-96 所示。

图 4-95　　　　　　　　　　　　　　　　　　图 4-96

（5）在【图层】面板中单击【创建新的填充或调整图层】按钮 ●，，在弹出的下拉列表中选择【色阶】命令，在【属性】面板中设置其参数，如图 4-97 所示。

（6）在【图层】面板中单击【创建新的填充或调整图层】按钮 ●，，在弹出的下拉列表中选择【渐变映射】命令，在【属性】面板中单击渐变条，在弹出的【渐变编辑器】对话框中将左侧色标的颜色值设置为 #d3cec5，将右侧色标的颜色值设置为 #ffffff，单击【确定】按钮，如图 4-98 所示。

（7）在【属性】面板中勾选【反向】复选框，在【图层】面板中选择【渐变映射 1】调整图层，将【混合模式】设置为"正片叠底"，如图 4-99 所示。

（8）在【图层】面板中单击【创建新的填充或调整图层】按钮 ●，，在弹出的下拉列表

中选择【渐变映射】命令，在【属性】面板中单击渐变条，在弹出的【渐变编辑器】对话框
中将左侧色标的颜色值设置为 #003959，将右侧色标的颜色值设置为 #dee0ae，单击【确定】
按钮，如图 4-100 所示。

图 4-97

图 4-98

图 4-99

图 4-100

（9）在【图层】面板中选择【渐变映射 2】调整图层，将【混合模式】设置为"柔光"，
如图 4-101 所示。

（10）在工具箱中选择【裁剪工具】 ，在工作区中调整裁剪框，按 Enter 键完成裁剪，
效果如图 4-102 所示。

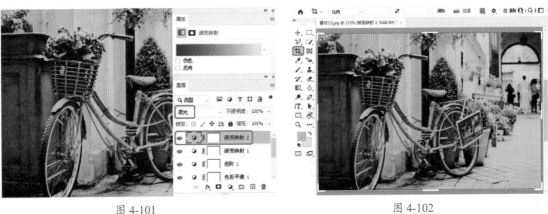

图 4-101

图 4-102

（11）在工具箱中选择【矩形工具】□，在工具选项栏中将【工具模式】设置为"形状"，将【填充】的颜色值设置为 #000000，将【描边】设置为无；单击【路径操作】按钮 □，在弹出的下拉列表中选择【合并形状】命令，在工作区中绘制矩形，如图 4-103 所示。

（12）在工具箱中选择【横排文字工具】T，在工作区中输入文字。选中输入的文字，在【字符】面板中将【字体】设置为"Times New Roman"，将【字体大小】设置为 10 点，将【字符间距】设置为 600，将【颜色】的颜色值设置为 #ffffff，单击【全部大写字母】按钮 TT，效果如图 4-104 所示。

图 4-103

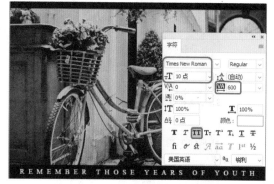

图 4-104

实例 074 **模拟焦距脱焦效果**

本例将介绍如何将拍摄好的照片模拟出焦距脱焦效果，方法是利用径向模糊、描边、曲线调整图层等功能，完成后的效果如图 4-105 所示。

（1）按 Ctrl+O 组合键，打开【素材 \ Cha04\ 素材 15.jpg】素材文件，如图 4-106 所示。

（2）按 Ctrl+M 组合键，在弹出的对话框中添加一个编辑点，并将该编辑点的【输出】和【输入】分别设置为 163、184，单击【确定】按钮，如图 4-107 所示。

图 4-105

（3）在工具箱中选择【矩形工具】，在工具选项栏中将【工具模式】设置为"路径"，将【半径】设置为 20 像素，在文档中绘制一个圆角矩形，如图 4-108 所示。

（4）按 Ctrl+T 组合键，在文档中调整该路径的位置，在工具选项栏中将【旋转角度】设置为 -12 度，如图 4-109 所示。

图 4-106

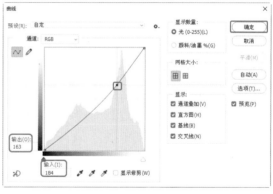

图 4-107

图 4-108

图 4-109

（5）设置完成后，按 Enter 键确认。然后按 Ctrl+Enter 组合键将路径载入选区，按 Ctrl+Shift+I 组合键进行反选，效果如图 4-110 所示。

（6）在菜单栏中选择【滤镜】|【模糊】|【径向模糊】命令，如图 4-111 所示。

图 4-110

图 4-111

（7）在弹出的对话框中将【数量】设置为 50，单击【缩放】单选按钮，再单击【好】单选按钮，然后单击【确定】按钮，如图 4-112 所示。

（8）执行该操作后，按 Ctrl+Shift+I 组合键进行反选，如图 4-113 所示。

（9）按 Ctrl+J 组合键，通过选区复制图层。在菜单栏中选择【编辑】|【描边】命令，在弹出的对话框中将【宽度】设置为 15 像素，将【颜色】设置为白色，单击【居中】单选按钮，单击【确定】按钮，如图 4-114 所示。

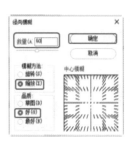

图 4-112

图 4-113

（10）按 Ctrl+M 组合键，在弹出的对话框中将【通道】设置为"红"，在曲线上单击，添加一个编辑点，将【输出】【输入】分别设置为 181、170，如图 4-115 所示。

图 4-114

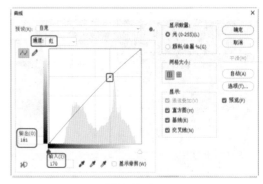

图 4-115

（11）将【通道】设置为"绿"，在曲线上单击添加一个编辑点，将【输出】【输入】分别设置为 213、198，如图 4-116 所示。

（12）将【通道】设置为"蓝"，在曲线上单击添加一个编辑点，将【输出】【输入】分别设置为 255、255，单击【确定】按钮，如图 4-117 所示。

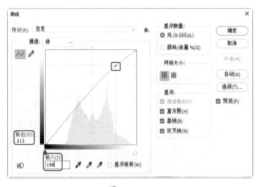

图 4-116

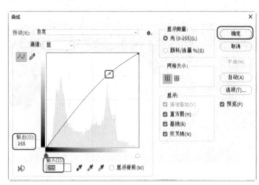

图 4-117

（13）在【图层】面板中单击【创建新的填充或调整图层】按钮 ◑，，在弹出的下拉列表中选择【可选颜色】命令，如图 4-118 所示。

（14）在弹出的【属性】面板中将【颜色】设置为"红色"，单击【绝对】单选按钮，将可选颜色参数分别设置为 -52%、-22%、-40%、0%，如图 4-119 所示。

图 4-118　　　　　　　　　　　　图 4-119

（15）将【颜色】设置为"绿色"，将可选颜色参数分别设置为 78%、-25%、63%、0%，如图 4-120 所示。

（16）将【颜色】设置为"黑色"，将可选颜色参数分别设置为 0%、0%、0%、11%，如图 4-121 所示。

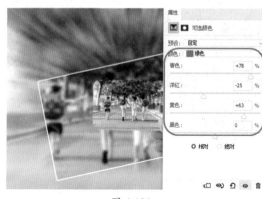

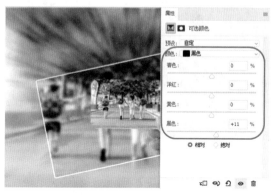

图 4-120　　　　　　　　　　　　图 4-121

（17）在【图层】面板中双击【图层 1】，在弹出的对话框中选择【投影】选项，将【不透明度】设置为 19%，将【角度】设置为 0 度，将【距离】【扩展】【大小】分别设置为 0 像素、0%、13 像素，单击【确定】按钮，如图 4-122 所示。

（18）在【图层】面板中选择【图层 1】图层，在菜单栏中选择【图像】|【调整】|【亮度 / 对比度】命令，在弹出的对话框中将【亮度】【对比度】分别设置为 6、27，单击【确定】按钮，效果如图 4-123 所示。

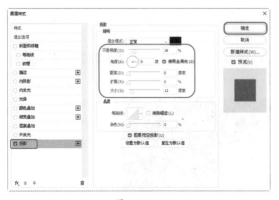

图 4-122 图 4-123

实例 075　制作紫色调照片效果

　　本例将介绍如何制作紫色调照片效果，方法是通过添加【曲线】调整图层对照片进行调整，完成的效果如图 4-124 所示。

　　（1）按 Ctrl+O 组合键，打开【素材 \Cha04\ 素材 16.jpg】素材文件，如图 4-125 所示。

图 4-124 图 4-125

　　（2）在【图层】面板中单击【创建新的填充或调整图层】按钮，在弹出的下拉列表中选择【曲线】命令，在【属性】面板中添加一个编辑点，将【输入】【输出】分别设置为 78、107，如图 4-126 所示。

图 4-126

（3）在【图层】面板中单击【创建新的填充或调整图层】按钮 ◑，在弹出的下拉列表中选择【可选颜色】命令，在【属性】面板中将【颜色】设置为"中性色"，将【黄色】设置为-36%，如图4-127所示。

图 4-127

（4）在【图层】面板中单击【创建新的填充或调整图层】按钮 ◑，在弹出的下拉列表中选择【曲线】命令，在【属性】面板中添加一个编辑点，将【输入】【输出】分别设置为147、179；再添加一个编辑点，将【输入】【输出】分别设置为42、63，如图4-128所示。

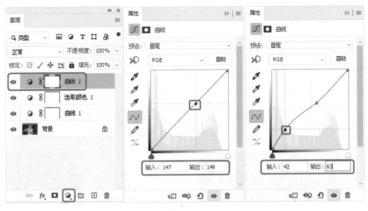

图 4-128

（5）在【图层】面板中选择【曲线2】右侧的图层蒙版，在工具箱中选择【画笔工具】 ✎，将前景色设置为黑色，在工作区中对人物的皮肤进行涂抹，效果如图4-129所示。

（6）继续选中【曲线2】右侧的图层蒙版，按Ctrl+I组合键进行反相，如图4-130所示。

图 4-129

图 4-130

（7）在【图层】面板中单击【创建新的填充或调整图层】按钮 ◑，在弹出的下拉列表中选择【曲线】命令，在【属性】面板中添加一个编辑点，将【输入】【输出】分别设置为111、128，如图4-131所示。

（8）在【图层】面板中选择【曲线3】图层右侧的图层蒙版，将背景色设置为黑色，按

Ctrl+Delete 组合键填充背景色。在工具箱中选择【画笔工具】 ✐，将前景色设置为白色，在工作区中进行涂抹，效果如图 4-132 所示。

图 4-131

图 4-132

（9）在菜单栏中选择【文件】|【置入嵌入对象】命令，在弹出的对话框中选择【素材\Cha04\素材 17.jpg】素材文件，单击【置入】按钮，在工作区中调整其位置与大小，按 Enter 键完成置入，如图 4-133 所示。

（10）在【图层】面板中选择【素材 17】图层，将【混合模式】设置为"滤色"，效果如图 4-134 所示。

图 4-133

图 4-134

实例 076　制作彩色绘画效果

本例将介绍如何制作彩色绘画效果如图 4-135 所示。

（1）启动软件，按 Ctrl+N 组合键，在弹出的对话框中将【宽度】【高度】分别设置为 1674 像素、1132 像素，将【分辨率】设置为"72 像素/英寸"，将【背景内容】设置为白色，单击【创建】按钮，如图 4-136 所示。

（2）在菜单栏中选择【文件】|【置入嵌入对

图 4-135

象】命令，在弹出的对话框中选择【素材 \Cha04\ 素材 18.jpg】素材文件，单击【置入】按钮，在工作区中调整其位置与大小，按 Enter 键完成置入，如图 4-137 所示。

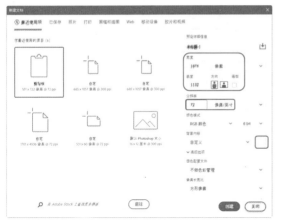

图 4-136

图 4-137

（3）在【图层】面板中单击【创建新的填充或调整图层】按钮 ●，在弹出的下拉列表中选择【阈值】命令，在【属性】面板中将【阈值色阶】设置为 115，如图 4-138 所示。

（4）根据前面所介绍的方法将【素材 \Cha04\ 素材 19.jpg】素材文件置入至文档中，并调整其位置与大小，按 Enter 键完成置入。在【图层】面板中选择【素材 19】图层，将【混合模式】设置为"滤色"，如图 4-139 所示。

图 4-138

图 4-139

（5）将【素材 \Cha04\ 素材 20.png】素材文件置入至文档中，并调整其位置与大小，按 Enter 键完成置入，效果如图 4-140 所示。

（6）在【图层】面板中选择【素材 19】图层，按 Ctrl+J 组合键进行复制。将【素材 19 拷贝】图层调整至【素材 20】的上方，将【混合模式】设置为"正常"，在工作区中调整其位置，效果如图 4-141 所示。

（7）在【图层】面板中选择【素材 19 拷贝】图层，右击鼠标，在弹出的快捷菜单中选择【创建剪贴蒙版】命令，如图 4-142 所示。

（8）执行该操作后，即可创建剪贴蒙版，完成后的效果如图 4-143 所示。

图 4-140

图 4-141

图 4-142

图 4-143

实例 077　修饰照片中的污点【视频】

　　本例先利用【矩形选框工具】对墨镜选取，再利用【填充】对话框中将【内容】设置为"内容识别"，即可祛除污点，完成后的效果如图 4-144 所示。

图 4-144

实例 078　黑白艺术照【视频】

　　本例是通过为照片添加【黑白】效果将照片转为黑白艺术照片，效果如图 4-145 所示。

图 4-145

实例 079　使照片的颜色更鲜艳【视频】

在拍摄过程中，由于光线不足，照片会显得较为灰暗，颜色不够鲜艳。本例给照片添加【色彩平衡】【色相 / 饱和度】效果，可将灰暗照片的颜色调整得更加鲜艳，完成的效果如图 4-146 所示。

图 4-146

实例 080　更换人物衣服颜色【视频】

本例使用【色相 / 饱和度】功能来完成为衣服更换颜色的操作，效果如图 4-147 所示。

图 4-147

实例 081　制作动感模糊背景【视频】

　　本例是为素材添加【滤镜】|【模糊】|【动感模糊】效果，将背景进行模糊处理，如图 4-148 所示。

图 4-148

实例 082　优化照片背景【视频】

　　本例主要是通过为素材使用【色彩平衡】【曲线】【色相 / 饱和度】功能并调整参数来完成的，效果如图 4-149 所示。

图 4-149

实例 083　调整偏色照片【视频】

　　调整偏色照片，主要用到【通道混合器】调整图层。本例将【输出通道】分别设置为【红】【绿】【蓝】后调整参数，并调整亮度 / 对比度，完成后的效果如图 4-150 所示。

图 4-150

Chapter 05

婚纱照片处理

本章导读：

　　婚纱拍摄的业内人士都知道"三分拍摄，七分修调"。在精心设计下拍摄完成的婚纱照片，基本上不用作太多的补救，画面效果已经很漂亮，因此对婚纱照的后期处理重点都放在版式的装饰及气氛的修饰点缀上，需要做的仅是锦上添花的细数修饰。本章将介绍 4 种婚纱照后期效果的处理方法。

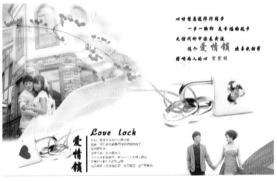

实例 084 书翻页——幸福的时光

本例讲解的婚纱照制作，使用了书翻页的效果，使其有立体的感觉，配合素材的添加，效果如图 5-1 所示。

（1）新建【宽度】和【高度】为 4803 像素和 3465 像素，【分辨率】为 300 像素 / 英寸，【颜色模式】设置为"RGB 颜色 / 8bit"的文档，新建【图层 1】图层，并对其填充 #f5f0e5 颜色，如图 5-2 所示。

（2）新建【书页】图层，使用【钢笔工具】绘制书页形状，如图 5-3 所示。

图 5-1

图 5-2

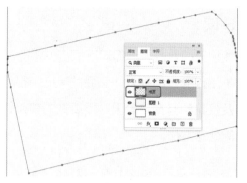

图 5-3

（3）按 Ctrl+Enter 组合键将其载入选区，并对其填充白色。按 Ctrl+D 组合键取消选区，完成后的效果如图 5-4 所示。

（4）双击【书页】图层，弹出【图层样式】对话框，选择【投影】选项，进行如图 5-5 所示的参数设置。

图 5-4

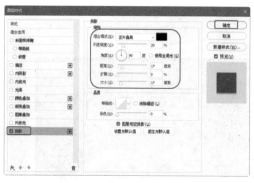

图 5-5

（5）新建【卷页】图层，使用【钢笔工具】绘制形状并填充白色，如图 5-6 所示。

（6）双击【卷页】图层，弹出【图层样式】对话框，选择【投影】选项，进行如图 5-7 所示的设置。

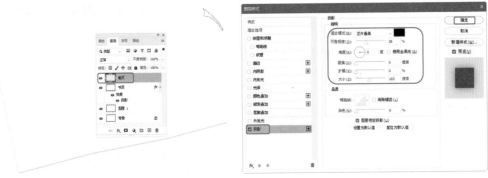

图 5-6   图 5-7

（7）新建【第一页】图层，使用【多边形套索工具】绘制路径，如图 5-8 所示。

（8）在工具箱中选择【渐变工具】，设置渐变色为 #ddd0c7 到白色的渐变，选择【线性渐变】，对选区进行填充，完成后的效果如图 5-9 所示。

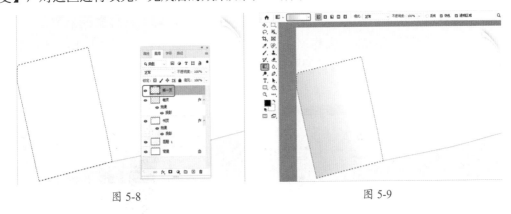

图 5-8   图 5-9

（9）双击【第一页】图层，弹出【图层样式】对话框，选择【投影】选项，进行如图 5-10 所示的设置。

（10）新建【第二页】图层，使用【多边形套索工具】绘制形状，并对其填充渐变色为 #ddd0c7 到白色的渐变，如图 5-11 所示。

图 5-10   图 5-11

（11）双击【第二页】图层，弹出【图层样式】对话框，选择【投影】选项，进行如图 5-12 所示的设置。

（12）新建【第三页】图层，将其调整到【卷页】图层的下方，使用【多边形套索工具】绘制形状，对其填充与上一步相同的渐变色，完成后的效果如图 5-13 所示。

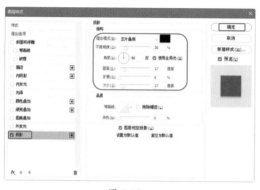

图 5-12

图 5-13

（13）双击【第三页】图层，弹出【图层样式】对话框，选择【投影】选项，进行如图 5-14 所示的设置。

（14）打开【素材 \Cha05\ J 人物 1.jpg】文件，将其拖到文档并命名为【J 人物 1】，再将其放置在【第三页】图层的上方，调整角度、大小及位置后创建剪贴蒙版，完成后的效果如图 5-15 所示。

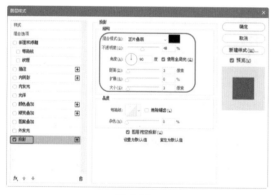

图 5-14

图 5-15

（15）打开【图层】面板，单击【创建新图层】按钮，为图层填充颜色 #ddd0c7。单击【添加图层蒙版】按钮，并将其调整到【J 人物】图层上方。创建剪贴蒙版，将名称设置为"颜色填充 1"，如图 5-16 所示。

（16）选择【颜色填充 1】图层的蒙版，使用【多边形套索工具】绘制选区，如图 5-17 所示。

（17）按 Shift+F6 组合键，弹出【羽化选区】对话框，将【羽化半径】设置为 30 像素，单击【确定】。为选区填充黑色，按 Ctrl+D 组合键取消选区，并为其创建剪贴蒙版，完成后的效果如图 5-18 所示。

（18）在【第二页】图层上方创建【相框】图层，使用【多边形套索工具】绘制选区并对其填充 #f5f0e5 颜色，如图 5-19 所示。

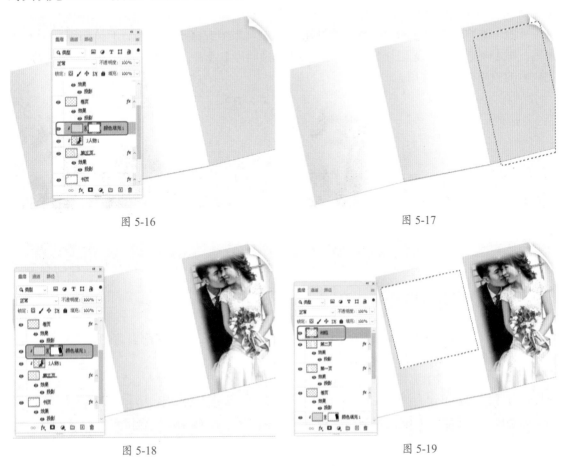

图 5-16

图 5-17

图 5-18

图 5-19

（19）双击【相框】图层，弹出【图层样式】对话框，选择【描边】选项，将【描边颜色】设置为 #a1a1a1，进行如图 5-20 所示的设置。

（20）打开【J 人物 2.jpg】文件，将其拖至当前文档中，图层命名为 "J 人物 2" 并将其放置到【相框】图层的上方，调整角度、大小和位置。创建剪贴蒙版，完成后的效果如图 5-21 所示。

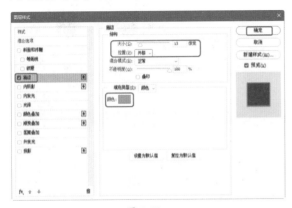

图 5-20

图 5-21

（21）打开【图层】面板，单击【创建新图层】按钮，为图层填充颜色 #ddd0c7。单击【添加图层蒙版】按钮，将其调整到【J 人物 2】图层上方。创建剪贴蒙版，将名称设置为"颜色填充 2"，如图 5-22 所示。

（22）选择【颜色填充 2】图层的蒙版，在工具箱中选择【画笔工具】，选择一种柔边画笔，将【画笔大小】设置为 1000 像素，将【不透明度】设置为 50%，对蒙版区域进行涂抹，完成后的效果如图 5-23 所示。

图 5-22　　　　　　　　　　　　　　　　图 5-23

（23）打开素材文件【J 光 1.png】，将其拖至文档中，并将其图层命名为"J 光 1"，调整位置后的效果如图 5-24 所示。

（24）在工具箱中选择【横排文字工具】，输入文字"I LOVE YOU"，打开【字符】面板，将【字体】设置为"Basemic Times"，将【字体大小】设置为 30 点，将【字符间距】设置为 100，将【颜色】设置为黑色，并对其进行加粗。按 Ctrl+T 组合键进行适当旋转，完成后的效果如图 5-25 所示。

图 5-24　　　　　　　　　　　　　　　　图 5-25

（25）打开素材文件【J 文字 .png】，将其拖至舞台中，并将其图层命名为"J 文字"。调整位置后的效果如图 5-26 所示。

（26）新建【相片 1】图层，使用【多边形套索工具】绘制形状并填充为白色，如图 5-27 所示。

图 5-26　　　　　　　　　　　　　　　　图 5-27

（27）双击【相片 1】图层，打开【图层样式】对话框，选择【投影】选项，进行如图 5-28
所示的设置。

（28）新建【相片 2】图层，使用【多边形套索工具】绘制形状，并对其填充 #f5f0e5 颜
色，如图 5-29 所示。

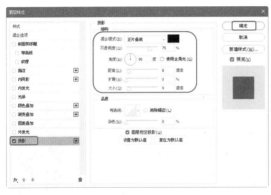

图 5-28　　　　　　　　　　　　　　　　图 5-29

（29）双击【相片 2】图层，弹出【图层样式】对话框，勾选【描边】复选框，将【颜色】
设置为 #dfd3cb，进行如图 5-30 所示的设置。

（30）勾选【投影】选项，进行如图 5-31 所示的设置。

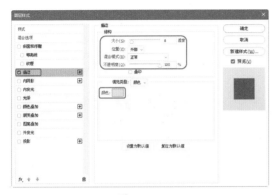

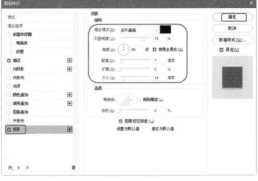

图 5-30　　　　　　　　　　　　　　　　图 5-31

（31）将【J 人物 3.jpg】文件拖至文档中，命名其图层为 "J 人物 3" 并放置在【相片 2】图层的上方，调整其角度、大小及位置并创建剪贴蒙版完成后的效果如图 5-32 所示。

（32）使用相同的方法制作出另一个相片，完成后的效果如图 5-33 所示

图 5-32   图 5-33

（33）添加【J 海螺 .png】文件，并将其图层命名为 "J 海螺"，完成后的效果如图 5-34 所示。

（34）打开【J 直线 .png】文件，将其拖至文档中，修改图层名称为 "J 直线"，并对其进行复制，调整位置和大小后的效果如图 5-35 所示。

图 5-34   图 5-35

（35）使用同样的方法添加其他素材文件，完成后的效果如图 5-36 所示。

图 5-36

◆◆◆◆◆◆◆◆
实例 085　数码相册——一生挚爱

　　本例将介绍一种婚纱照片的制作方法。它首先绘制圆角矩形和矩形作为相框，并设置其图层样式。然后导入素材文件，制作灯光效果。再使用【钢笔工具】绘制需要的直线，最后置入图片并设置剪切蒙版，效果如图5-37所示。

　　（1）新建文档，【宽度】和【高度】为60厘米、44厘米，【分辨率】参数为200像素/英寸。

　　（2）将前景色设置为#cacaca，按Alt+Delete组合键对背景进行填充，如图5-38所示。

图 5-37

　　（3）新建【图层1】，将前景色设置为#787878。选择【圆角矩形工具】□，在选项栏中将【工具模式】设置为"像素"，将【半径】设置为90像素，在如图5-39所示位置绘制一个圆角矩形。

图 5-38

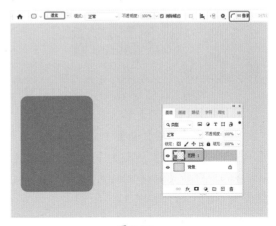

图 5-39

　　（4）双击【图层1】，弹出【图层样式】对话框，勾选【描边】选项，将【颜色】设置为白色，将【大小】设置为10像素，如图5-40所示。

　　（5）勾选【投影】选项，取消勾选【使用全局光】复选框，设置【角度】为45度，设置【距离】为30像素，设置【大小】为50像素，单击【确定】按钮，如图5-41所示。

提示：
　　若不取消勾选【使用全局光】复选框，在更改【角度】设置时，其他图层的投影角度也将随之更改。

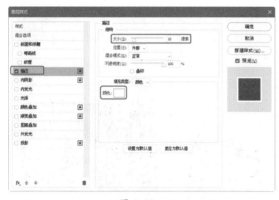
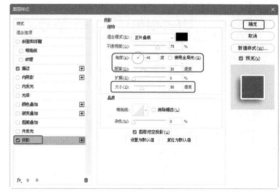

图 5-40　　　　　　　　　　　　　　　　　　图 5-41

（6）新建【图层 2】，将前景色设置为 #787878。选择【矩形工具】 □，在工具选项栏中将【工具模式】设置为"像素"，在如图 5-42 所示位置绘制一个矩形。

（7）在【图层】面板中，选中【图层 1】并右键单击，在弹出的快捷菜单中选择【拷贝图层样式】命令。然后选中【图层 2】并右键单击，在弹出的快捷菜单中选择【粘贴图层样式】命令，效果如图 5-43 所示。

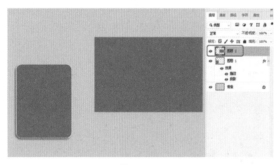

图 5-42　　　　　　　　　　　　　　　　　　图 5-43

（8）在【图层】面板中，双击【图层 2】，在弹出的【图层样式】对话框中，将【投影】选项卡中的【角度】更改为 135 度，单击【确定】按钮，如图 5-44 所示。

（9）打开【素材 \Cha05\ 一生挚爱 .psd】素材文件，将其中的图形添加到场景中，适当调整素材的位置，如图 5-45 所示。

图 5-44　　　　　　　　　　　　　　　　　　图 5-45

（10）选择【钢笔工具】 ∅.，将【工具模式】设置为"路径"。新建【图层3】并将其移动到【灯】图层的下面，在适当位置绘制一个四边形，按Ctrl+Enter组合键载入选区，如图5-46所示。

（11）在菜单栏中执行【选择】|【修改】|【羽化】命令，在弹出的【羽化选区】对话框中，将【羽化半径】设置为20像素，单击【确定】按钮，如图5-47所示。

图 5-46

图 5-47

（12）取消选区，单击【添加图层蒙版】按钮 ▢。选择【渐变工具】 ▣.，将0%和100%处的色标设置为黑色，将50%处的色标设置为白色，填充渐变的效果如图5-48所示。

（13）选择【钢笔工具】 ∅.，将【工具模式】设置为"形状"，设置【填充】为无色，设置【描边】为白色，设置【描边宽度】为5点，设置【描边类型】为实线，按住Shift键绘制如图5-49所示直线。

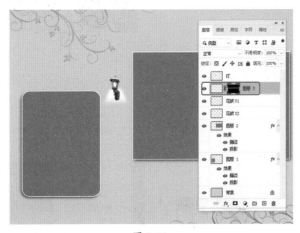
图 5-48

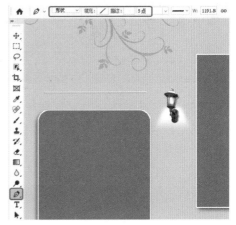
图 5-49

（14）复制直线所在的形状图层，然后移动其到适当位置，如图5-50所示。

（15）使用相同的方法绘制一条垂直的直线，然后复制直线并移动其位置，如图5-51所示。

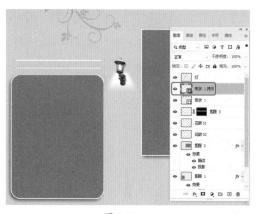

图 5-50　　　　　　　　　　　　图 5-51

（16）选择【横排文字工具】 **T.**，将【字体】设置为"方正行楷简体"，将【字体大小】分别设置为 14 点和 72 点，输入如图 5-52 所示的文字。单击【仿粗体】按钮，将【颜色】设置为 #bd3216。

（17）在菜单栏中选择【文件】|【置入嵌入对象】命令，选择【素材 \Cha05\ 一生挚爱01.jpg】素材文件，单击【置入】按钮后调整图片的大小及位置。在【图层】面板中，将其移动到【图层 2】的上面；按住 Alt 键，单击【一生挚爱 01】与【图层 2】之间的间隙，创建剪切蒙版，然后调整图片的位置，如图 5-53 所示。

图 5-52

图 5-53

（18）使用相同的方法置入【素材 \Cha05\ 一生挚爱 02.jpg】素材文件，并创建剪切蒙版，然后调整图片的位置，如图 5-54所示。最后将场景文件保存为需要的格式。

 提示：

剪切蒙版是一个可以用其形状遮盖其他图层的对象。使用剪切蒙版，只能看到蒙版形状内的区域，从效果上来说，就是将其下面的图层内容裁剪为蒙版的形状。

图 5-54

实例 086　婚纱相册——紫色梦境

　　本例首先置入素材，利用【色阶】命令将素材调亮，将背景调暗；再使用【添加蒙版图层】功能和【画笔工具】将人物凸显出来，用【色相/饱和度】命令对图层进行调整，并用【可选颜色】【颜色平衡】命令进行修饰，效果如图 5-55 所示。

　　（1）在菜单栏中选择【文件】|【打开】命令，打开【素材 \Cha05\ 照片 01.jpg】文件，如图 5-56 所示。

　　（2）在【图层】面板中，将【背景】图层拖曳至【图层】面板的下方【创建新图层】按钮上，复制图层【背景拷贝】，如图 5-57所示。

图 5-55

图 5-56

图 5-57

　　（3）在【图层】面板中单击下方的【创建新的填充或调整图层】按钮，在弹出的下拉菜单中选择【色阶】命令，如图 5-58 所示。

　　（4）在弹出的对话框中单击【自动】按钮，如图 5-59 所示。

　　（5）在【图层】面板中单击【创建新的填充或调整图层】按钮，在弹出的下拉菜单中选择【色阶】命令，在弹出的对话框中设置其参数为 45、1.07、255，如图 5-60 所示。

　　（6）在【图层】面板中选择【色阶 2】的蒙版，在工具箱中选择【画笔工具】，将【不透明度】设置为 100%，在场景中对人物进行涂抹，如图 5-61 所示。

图 5-58

图 5-59

图 5-60

图 5-61

（7）在【图层】面板中单击【创建新的填充或调整图层】按钮，在弹出的下拉菜单中选择【可选颜色】命令，在弹出的对话框中，将【颜色】设置为"红色"，将下面的【青色】【洋红】【黄色】【黑色】分别设置为 -64%、-14%、-21%、-35%，将下面的方法设置为"相对"，如图 5-62 所示。

（8）继续操作上面的操作，将【颜色】设置为"黄色"，将下面的【青色】【洋红】【黄色】【黑色】分别设置为 20%、-26%、1%、60%，如图 5-63 所示。

图 5-62

图 5-63

（9）继续将【颜色】设置为"绿色"，将下面的【青色】【洋红】【黄色】【黑色】分别设置为 27%、-6%、0%、11%，如图 5-64 所示。

（10）设置完成后，确认【选取颜色 1】处于选中状态，按 Ctrl+Alt+Shift+E 组合键盖印图层，获得【图层 1】，如图 5-65 所示。

图 5-64

图 5-65

（11）在【图层】面板中，单击【创建新的填充或调整图层】按钮，在弹出的下拉菜单中选择【色相 / 饱和度】命令，在弹出的对话框中将【通道】设置为"绿色"，将【色相】【饱和度】【明度】分别设置为 -137、13、2。使用【添加到取样】按钮 ∂ 添加多余的颜色，效果如图 5-66 所示。

（12）使用【画笔工具】对人物进行涂抹，如图 5-67 所示。

图 5-66

图 5-67

（13）在【图层】面板上选择【色相 / 饱和度 1】图层，单击【创建新的填充或调整图层】按钮，在弹出的下拉菜单中选择【可选颜色】命令，在弹出的对话框中将【颜色】设置为"中性色"，将【青色】【洋红】【黄色】【黑色】分别设置为 11%、0%、-8%、11%，对人物进行涂抹，如图 5-68 所示。

（14）继续选择【色彩平衡】命令，在弹出的对话框中将【色调】设置为"中间调"，并设置参数分别为 5、-26、0，如图 5-69 所示。

图 5-68 图 5-69

（15）将【色调】设置为"阴影"并将其参数分别设置为 13、0、0，使用【画笔工具】进行涂抹，如图 5-70 所示。

（16）打开【素材 \Cha05\ 那片梦 .psd】文件，将其拖至场景中，按 Ctrl+T 组合键，将素材调整到适当大小和位置，如图 5-71 所示。

图 5-70 图 5-71

实例 087 照片处理——爱情锁

本例介绍爱情锁的制作方法，它首先置入素材利用【蒙版图层】功能和【画笔工具】进行绘制后，将图片融入背景。使用同样的方法操作其他素材，将所有素材设置完成后再使用【横排文字工具】添加文字说明，效果如图 5-72 所示。

图 5-72

（1）新建【宽度】【高度】为 1417 像素、866 像素，【分辨率】为 100 像素 / 英寸，【背景内容】为"白色"的文档。按 Ctrl+O 组合键，打开【素材 \Cha05\Z1.jpg】文件，将其拖至场景中，按 Ctrl+T 组合键，将素材调整到适当大小和位置，如图 5-73 所示。

（2）在【图层】面板中，确认刚刚置入的图层处于选中状态，单击【图层】面板下方的【添加蒙版图层】按钮，为图层添加蒙版，如图 5-74 所示。

图 5-73　　　　　　　　　　　　　　　　　　图 5-74

（3）在工具箱中选择【画笔工具】，在工具选项栏中适当调整画笔大小，将【不透明度】设置为 100%，将【流量】设置为 100%，在素材图像上进行简单涂抹，如图 5-75 所示。

（4）按 Ctrl+O 组合键，打开【素材 \Cha05\ 照片 .jpg】文件，将其拖至场景中，按 Ctrl+T 组合键，将素材调整到适当大小和位置，如图 5-76 所示。

图 5-75　　　　　　　　　　　　　　　　　　图 5-76

（5）在【图层】面板中，为【图层 2】添加图层蒙版，并使用【画笔工具】进行涂抹，如图 5-77 所示。

（6）按 Ctrl+O 组合键，打开【素材 \Cha05\ 背景 .psd】文件，将其拖至场景中，按 Ctrl+T 组合键，将素材调整到适当大小和位置，如图 5-78 所示。

（7）在【图层】面板中选择刚刚导入的图层，将其【不透明度】设置为 50%，设置完成后的效果如图 5-79 所示。

（8）按 Ctrl+O 组合键，打开【素材 \Cha05\ 爱情锁 .psd】文件，将其拖至场景中，按 Ctrl+T 组合键，将素材调整到适当大小和位置，如图 5-80 所示。

图 5-77   图 5-78

图 5-79   图 5-80

（9）在工具箱中选择【钢笔工具】，在工具选项栏中将【工具模式】设置为"形状"，在文档中绘制心形，填充任意颜色，将【描边颜色】设置为无，如图 5-81 所示。

（10）打开【素材 \Cha05\Z2.jpg】文件，将其拖曳至文档中，调整角度、大小及位置并创建剪贴蒙版后，效果如图 5-82 所示。

图 5-81   图 5-82

提示：

在绘制心形时，可以使用【转换点工具】进行辅助调整。

（11）在工具箱中选择【横排文字工具】，打开【素材 \Cha05\ 爱情锁 .txt】文件，将文字复制并粘贴到场景中。选择"爱情锁"三个字，在【字符】面板中将【字体】设置为"汉仪行楷简"，将【字体大小】设置为 40 点，将【颜色】的 RGB 值设置为 255、0、0，如图 5-92所示。再选择"紧紧锁"三个字，将其【字体大小】设置为 20 点，将【颜色】的 RGB 值设置为 255、0、0。选择其他文字，将【字体大小】设置为 20 点，将【颜色】设置为黑色。单击【仿粗体】按钮，将【行距】设置为 36，将【字符间距】设置为 25，效果如图 5-83 所示。

（12）在工具箱中选择【直排文字工具】，在场景中输入"爱情锁"。选择文字，将【字体】设置为"汉仪行楷简"，将【字体大小】设置为 46 点，将【颜色】设置为黑色，将【字符间距】设置为 25，单击【仿粗体】按钮，如图 5-84 所示。

图 5-83　　　　　　　　　　　　　　　　　　　图 5-84

（13）使用【横排文字工具】在场景中输入文字"Love lock"，其文字设置和"爱情锁"相同，如图 5-85 所示。

（14）在工具箱中选择【直线工具】，在场景中绘制直线，将【填色】和【描边】设置为黑色，将【描边粗细】设置为 5 像素，如图 5-86 所示。

图 5-85　　　　　　　　　　　　　　　　　　　图 5-86

（15）使用【横排文字工具】在场景中输入段落文字。选择输入的文字，将【字体】设置为"微软雅黑"，将【字体大小】设置为 11 点，将【行距】设置为 15，将【颜色】的 RGB设置为 90、89、89，如图 5-87 所示。

（16）在【图层】面板中选择【素材】图层，将其拖至【创建新图层】按钮上复制图层。按 Ctrl+T 组合键，将素材调整到适当角度、位置和大小，如图 5-88 所示。

图 5-87   图 5-88

Chapter

06

广告海报制作

本章导读:

在现代生活当中,海报是一种很常见的宣传方式。海报大多用于影视剧和新品、商业活动等宣传。

海报设计是视觉传达的表现形式之一,通过版面的构成在第一时间将人们的目光吸引,并令其获得瞬间的刺激。这要求设计者能将图片、文字、色彩、空间等要素进行完整的结合,以恰当的形式向人们展示出宣传信息。

实例 088　户外广告——房地产宣传海报

本例通过为背景图创建剪贴蒙版制作出替换背景图效果，通过【文字工具】输入相应的文字并更改字体效果，最终制作出房地产宣传海报，如图 6-1 所示。

（1）按 Ctrl+O 组合键，打开【素材 \Cha06\ 素材 1.jpg】素材文件，如图 6-2 所示。

（2）使用【横排文字工具】输入文本，将【字体】设置为"方正大标宋简体"，将【字体大小】设置为 15 点，将【字符间距】设置为 -50，将【颜色】设置为 #897171，单击【仿粗体】按钮 T，将【语言】设置为"美国英语"，将【消除锯齿】设置为"锐利"，如图 6-3 所示。

图 6-1　　　　　　　　图 6-2　　　　　　　　图 6-3

（3）使用【横排文字工具】输入文本，将【字体】设置为"方正大标宋简体"，将【字体大小】设置为 11 点，将【字符间距】设置为 -50，将【颜色】设置为 #897171，单击【仿粗体】按钮 T，将【语言】设置为"美国英语"，将【消除锯齿】设置为"锐利"，如图 6-4 所示。

（4）将第二行文本的【字体大小】设置为 12 点，其余设置同上，如图 6-5 所示。

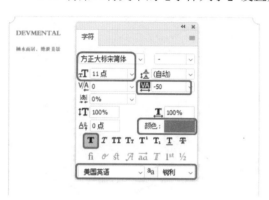
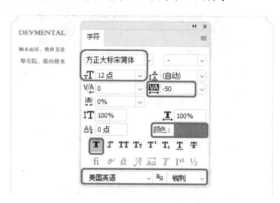

图 6-4　　　　　　　　　　　　　　图 6-5

（5）置入【素材\Cha06\素材 2.png】素材文件，在工作区中调整素材的大小与位置，按 Enter 键，效果如图 6-6 所示。

（6）置入【素材\Cha06\素材 3.jpg】素材文件，在工作区中调整素材的大小与位置，按 Enter 键，如图 6-7 所示。

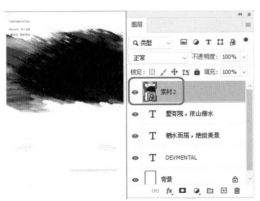

图 6-6

图 6-7

（7）调整置入对象的位置，在【素材 3】图层上单击鼠标右键，在弹出的快捷菜单中选择【创建剪贴蒙版】命令，创建剪贴蒙版后的效果如图 6-8 所示。

（8）使用【横排文字工具】输入文本，将【字体】设置为"方正行楷简体"，将【字体大小】设置为 130 点，将【字符间距】设置为 -50，将【颜色】设置为 #897171，取消选中仿粗体，将【语言】设置为"美国英语"，将【消除锯齿】设置为"锐利"，图 6-9 如所示。

图 6-8

图 6-9

（9）双击该文本图层，弹出【图层样式】对话框，勾选【描边】复选框，将【大小】设置为 35 像素，将【位置】设置为"外部"，将【混合模式】设置为"正常"，将【不透明度】设置为 100%，将【颜色】设置为白色，如图 6-10 所示。

（10）勾选【投影】复选框，将【混合模式】设置为"正片叠底"，将【颜色】设置为黑色，将【不透明度】设置为 35%，将【角度】设置为 120 度，将【距离】【扩展】【大小】设置为 20 像素、15%、47 像素，单击【确定】按钮，如图 6-11 所示。

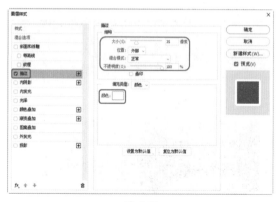

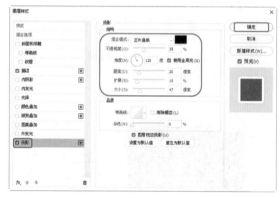

图 6-10   图 6-11

（11）选择"锦"文本，将【字体大小】更改为 140 点，如图 6-12 所示。

（12）新建【图层 1】，使用【钢笔工具】，在工具选项栏中将【工具模式】设置为"路径"，绘制图形。按 Ctrl+Enter 组合键将其转换为选区，将【前景色】设置为 #b11920，按 Alt+Delete 组合键对图形进行填充，如图 6-13 所示。

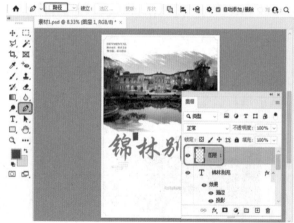

图 6-12   图 6-13

（13）使用【直排文字工具】输入文本，将【字体】设置为"方正黄草简体"，将【字体大小】设置为 16 点，将【字符间距】设置为 -100，将【颜色】设置为白色，单击【仿粗体】按钮 **T**，如图 6-14 所示。

（14）使用【横排文字工具】输入文本，将【字体】设置为"Adobe 黑体 Std"，将【字体大小】设置为 35 点，将【字符间距】设置为 -100，将【颜色】设置为 #897171，取消选中仿粗体，如图 6-15 所示。

（15）使用【横排文字工具】输入文本，将【字体】设置为"Adobe 黑体 Std"，将【字体大小】设置为 24 点，将【字符间距】设置为 100，将【颜色】设置为 #18244d，如图 6-16 所示。

（16）使用【横排文字工具】输入文本，将【字体】设置为"Adobe 黑体 Std"，将【字体大小】设置为 14.2 点，将【颜色】设置为 #18244d，如图 6-17 所示。

图 6-14   图 6-15

图 6-16   图 6-17

（17）使用【矩形工具】绘制矩形，将 W 和 H 设置为 510 像素、170 像素，将【填色】设置为 #897171，将【描边】设置为无，如图 6-18 所示。

（18）使用【横排文字工具】输入文本"立即抢购"，将【字体】设置为"Adobe 黑体 Std"，将【字体大小】设置为 16.5 点，将【字符间距】设置为 100，将【颜色】设置为白色，如图 6-19 所示。

图 6-18   图 6-19

（19）使用【横排文字工具】输入文本"开盘当日预定客户一万抵二万购买 500 ㎡ 送泳池"，将【字体】设置为"Adobe 黑体 Std"，将【字体大小】设置为 22 点，将【颜色】设置为 #ff0000，选中"开盘当日预定客户""购买 500 ㎡"文本，将【字体大小】设置为 16.5 点，将【颜色】设置为黑色，将【字符间距】设置为 100，如图 6-20 所示。

（20）使用【矩形工具】绘制矩形，将 W 和 H 设置为 457 像素、117 像素，将【填色】设置为 #db750c，将【描边】设置为无，将"圆角半径"设置为 15.6 像素，如图 6-21 所示。

图 6-20　　　　　　　　　　　　图 6-21

（21）使用【横排文字工具】输入文本，将【字体】设置为"Adobe 黑体 Std"，将【字体大小】设置为 12 点，将【字符间距】设置为 100，将【颜色】设置为黑色，将【语言】设置为"美国英语"，将【消除锯齿】设置为"浑厚"，如图 6-22 所示。

（22）使用【矩形工具】和【横排文字工具】制作如图 6-23 所示的内容。

（23）使用同样的方法制作如图 6-24 所示的效果。

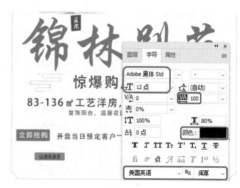

图 6-22

图 6-23

图 6-24

实例 089　户外广告——电脑宣传单

本例首先打开素材文件,使用【钢笔工具】绘制出形状,然后使用【文字工具】输入文本并更改字体和颜色,置入文件且调整位置及大小后,制作出电脑宣传单,效果如图 6-25 所示。

（1）按 Ctrl+O 组合键,打开【素材\Cha06\ 素材 4.jpg】素材文件,如图 6-26 所示。

（2）选择【钢笔工具】,将【工具模式】设置为"形状",将【颜色】设置为 #ffffff,将【描边】设置为无,绘制形状的效果如图 6-27 所示。

图 6-25

图 6-26

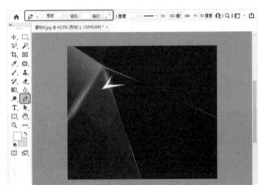

图 6-27

（3）使用上面的方法绘制多个图形,效果如图 6-28 所示。

（4）使用【横排文字工具】输入文本,在【字符】面板中,将【字体】设置为"方正综艺简体",将【字体大小】设置为 60 点,将【颜色】设置为 #e71f19,如图 6-29 所示。

图 6-28

图 6-29

（5）选中【图层】面板中的【耀世新品】图层，按 Ctrl+J 组合键将其复制，双击面板中的【新品上市 拷贝】图层，在弹出的【图层样式】对话框中勾选【描边】复选框，将【大小】设置为 250 像素，将【位置】设置为"内部"，将【混合模式】设置为"正常"，将【不透明度】设置为 100%，将【颜色】设置为 #e4e4e3，单击【确定】按钮，如图 6-30 所示。

（6）使用【横排文字工具】输入文本，在【字符】面板中，将【字体】设置为"Adobe 黑体 Std"，将【字体大小】设置为 15 点，将【颜色】设置为 #ffffff，如图 6-31 所示。

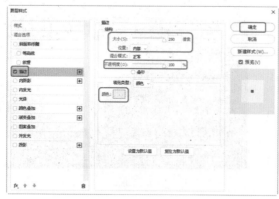

图 6-30   图 6-31

（7）使用上面的方法再次输入文本，效果如图 6-32 所示。

（8）在菜单栏中选择【文件】|【置入嵌入对象】命令，选择【素材 \Cha06\ 素材 5.png】素材文件，单击【置入】按钮，如图 6-33 所示。

图 6-32   图 6-33

（9）选择图层【素材 5.png】，按 Ctrl+J 组合键对其进行复制，并将其调整至合适的位置及大小，如图 6-34 所示。

（10）双击【图层】面板中的【素材 21】图层，在弹出的【图层样式】对话框中将【混合模式】设置为"正常"，将【不透明度】设置为 65%，如图 6-35 所示。

（11）勾选【颜色叠加】选项，将【混合模式】设置为"正常"，将【叠加颜色】设置为 #245ba9，将【不透明度】设置为 100%，单击【确定】按钮，如图 6-36 所示。

（12）双击【图层】面板中的【素材 21 拷贝】图层，在弹出的【图层样式】对话框中将【混合模式】设置为"划分"，将【不透明度】设置为 60%，如图 6-37 所示。

图 6-34

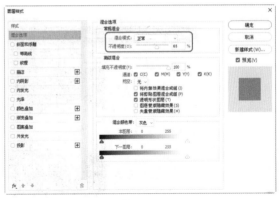

图 6-35

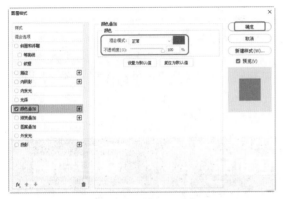

图 6-36

图 6-37

（13）选择【颜色叠加】选项，将【混合模式】设置为"正常"，将【叠加颜色】设置为白色，将【不透明度】设置为 100%，单击【确定】按钮，设置完成后的效果如图 6-38 所示。

（14）在菜单栏中选择【文件】|【置入嵌入对象】命令，选择【素材 \Cha06\ 素材 6.png】素材文件，单击【置入】按钮，调整素材至合适的位置，如图 6-39 所示。

图 6-38

图 6-39

（15）在【图层】面板中将其重新命名为【电脑】，如图 6-40 所示。

（16）使用【横排文字工具】输入文本。将文本选中，在【字符】面板中将【字体】设置为"微软雅黑"，将【字体大小】设置为 18 点，将【颜色】设置为 #ffffff，如图 6-41 所示。

图 6-40 图 6-41

（17）使用【横排文字工具】输入文本。将文本选中，在【字符】面板中将【字体】设置为"汉仪方隶简"，将【字体大小】设置为 15 点，将【颜色】设置为 #7fbf26，单击【全部大写字母】，如图 6-42 所示。

（18）使用【横排文字工具】输入文本。将文本选中，在【字符】面板中将【字体】设置为"汉仪方隶简"，将【字体大小】设置为 30 点，将【颜色】设置为 #6bc128。使用【横排文字工具】输入文本，将"灵动"的【字体大小】设置为 15 点，如图 6-43 所示。

图 6-42 图 6-43

（19）使用【椭圆工具】绘制椭圆，在【属性】面板中将 W、H 都设置为 10 像素，将【填色】设置为 #ffffff，将【描边】设置为无，如图 6-44 所示。

（20）使用上面的方法绘制其他椭圆，效果如图 6-45 所示。

（21）使用【横排文字工具】输入文本。将文本选中，在【字符】面板中将【字体】设置为"微软雅黑"，将【字体大小】设置为 10 点，将【颜色】设置为 #ffffff，如图 6-46 所示。

（22）使用【横排文字工具】输入文本。将文本选中，在【字符】面板中将【字体】设置为"微软雅黑"，将【字体大小】设置为 10 点，将【颜色】设置为 #ffffff，如图 6-47 所示。

图 6-44

图 6-45

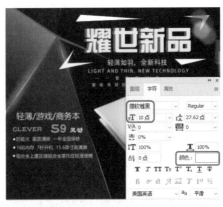

图 6-46

图 6-47

（23）在菜单栏中选择【文件】|【置入嵌入对象】命令，选择【素材 \Cha06\ 素材 7.png】素材文件，单击【置入】按钮，按 Enter 键如图 6-48 所示。

（24）选取该素材，使用【移动工具】将其拖曳至当前场景中，按 Ctrl+T 组合键调整素材至合适的位置与大小，效果如图 6-49 所示。

图 6-48

图 6-49

（25）使用【横排文字工具】输入文本。将文本选中，在【字符】面板中将【字体】设置为"Adobe 黑体 Std"，将【字体大小】设置为 11.52 点，将【颜色】设置为白色，将【语言】设置为"美国英语"，【消除锯齿】设置为"浑厚"，如图 6-50 所示。

图 6-50

实例 090   节日广告——中秋节海报

本例首先打开素材文件，使用【文字工具】输入文字后更改字体、颜色，再通过【矩形工具】制作出相应的图形，展现中秋节氛围，效果如图 6-51 所示。

（1）按 Ctrl+O 组合键，选择【素材 \Cha06\ 素材 8.jpg】素材文件，如图 6-52 所示。

（2）使用【竖排文字工具】输入文本，将【字体】设置为"华文行楷"，将【字体大小】设置为 54 点，将【垂直缩放】设置为 235%，将【水平缩放】设置为 263%，将【颜色】设置为白色，将【消除锯齿】设置为"锐利"，如图 6-53 所示。

图 6-51

图 6-52

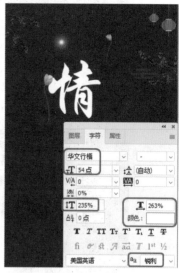

图 6-53

（3）使用【横排文字工具】输入文本，将【字体】设置为"迷你繁柳楷"，将【字体大小】设置为 48 点，将【字符间距】设置为 25，单击【仿粗体】按钮 **T**，将【垂直缩放】设置为 100%，将【水平缩放】设置为 100%，如图 6-54 所示。

（4）使用【竖排文字工具】输入文本，将【字体】设置为"迷你简雪君"，将【字体大小】

设置为71点，将【垂直缩放】设置为280%，将【水平缩放】设置为180%，将【字符间距】设置为0，取消选中仿粗体，如图6-55所示。

（5）使用【横排文字工具】输入文本，将【字体】设置为"华文行楷"，将【字体大小】设置为59点，将【字符间距】设置为25，将【垂直缩放】设置为100%，将【水平缩放】设置为100%，如图6-56所示。

图6-54　　　　　　　　　　　图6-55

（6）双击【情】图层，弹出【图层样式】对话框，勾选【斜面和浮雕】复选框，将【样式】设置为"内斜面"，将【方法】设置为"平滑"，将【深度】设置为22%，将【大小】和【软化】设置为9像素、0像素。将【阴影】选项组的【角度】【高度】设置为0度、30度，将【光泽等高线】设置为线性，将【高光模式】设置为"滤色"，将【颜色】设置为白色，将【不透明度】设置为50%，将【阴影模式】设置为"正片叠底"，将【颜色】设置为黑色，将【不透明度】设置为50%，如图6-57所示。

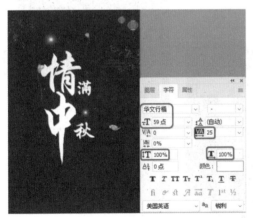

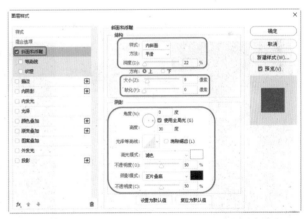

图6-56　　　　　　　　　　　图6-57

（7）勾选【描边】复选框，将【大小】设置为210像素，将【位置】设置为"内部"，将【混合模式】设置为"正常"，将【不透明度】设置为100%，将【填充类型】设置为"渐变"，将【样式】设置为"线性"，将【角度】设置为90度，将【缩放】设置为150%，如图6-58所示。

（8）单击【渐变】右侧的渐变条，弹出【渐变编辑器】对话框，将0%位置处色标颜色设置为#c0a675；在20%位置处添加色标，色标颜色设置为#c0a675；在43%位置处添加色标，色标颜色设置为#ead6ba；将100%位置处的色标颜色设置为#ead6ba，将【名称】设置为"金黄色"，单击【新建】按钮，如图6-59所示。

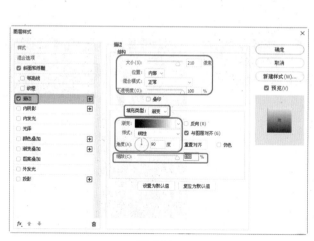

图 6-58

图 6-59

（9）单击两次【确定】按钮后，在【图层】面板中选择【情】图层，单击鼠标右键，在弹出的快捷菜单中选择【拷贝图层样式】命令。分别选择"满""中""秋"文字，单击鼠标右键，在弹出的快捷菜单中选择【粘贴图层样式】命令，效果如图 6-60 所示。

（10）使用【直排文字工具】输入文本，将【字体】设置为"创艺简黑体"，将【字体大小】设置为 15.24 点，将【字符间距】设置为 550，将【行距】设置为 0.99 点。如图 6-61 所示。

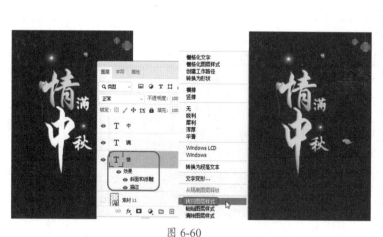

图 6-60

图 6-61

（11）新建【图层】，使用【直排文字工具】输入文本，将【字体】设置为"创艺简黑体"，将【字体大小】设置为 15.24 点，将【字符间距】设置为 550，将【行距】设置为 0.99。如图 6-62 所示。

（12）在菜单栏中选择【文件】|【置入嵌入对象】命令，选择【素材 \Cha06\ 素材 9.png】素材文件，单击【置入】按钮，调整素材文件大小及位置，如图 6-63 所示。

（13）在菜单栏中再次选择【文件】|【置入嵌入对象】命令，选择【素材 \Cha06\ 素材 10.png】素材文件，单击【置入】按钮，调整素材文件大小及位置，如图 6-64 所示。

（14）使用【矩形工具】绘制矩形，将 W 和 H 设置为 229 像素、69 像素，将【填色】
设置为无，将【描边】设置为 #760877，将【描边宽度】设置为 1.9 像素，如图 6-65 所示。

图 6-62

图 6-63

图 6-64

图 6-65

（15）使用【矩形工具】绘制矩形，将 W 和 H 设置为 145 像素、69 像素，将【填色】
设置为 #760877，将【描边】设置为无，将【描边宽度】设置为 1 像素，如图 6-66 所示。

（16）使用【横排文字工具】输入文本，将【字体】设置为"创艺简老宋"，将【字体大小】
设置为 13 点，将【字符间距】设置为 25，将【水平缩放】82%，将【颜色】设置为白色；将"购
物优惠券"的【字体大小】设置为 12.26 点，将【水平缩放】设置为 73%，如图 6-67 所示。

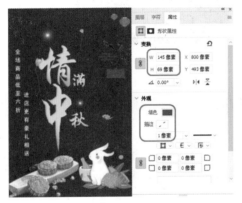
图 6-66

图 6-67

149

（17）在【图层】面板中选择绘制的矩形和文字对象，按 Ctrl+J 组合键对其进行复制，如图 6-68 所示。

（18）选中第二个复制的矩形，将【填色】更改为 #007cff，将【描边】设置为无；将"100元"更改为"200元"并更改文本内容，如图 6-69 所示。

图 6-68   图 6-69

（19）选中第三个复制的矩形，将【填色】更改为 #f08b08，将【描边】设置为无；将"100元"更改为"300元"，如图 6-70 所示。

（20）在菜单栏中选择【文件】|【置入嵌入对象】命令，弹出【置入嵌入的对象】对话框，选择【素材 \Cha06\ 素材 11.png】素材文件，单击【置入】按钮，并调整素材的大小及位置，效果如图 6-71 所示。

图 6-70   图 6-71

实例 091 节日广告——感恩节宣传海报

本例首先打开素材文件，使用【文字工具】输入文字，并对文字更换颜色、字体，然后使用【橡皮擦工具】对文字进行涂抹，置入素材文件后制作出感恩宣传海报，效果如图 6-72 所示。

图 6-72

（1）启动 Photoshop 软件，按 Ctrl+N 组合键，在弹出的对话框中将【宽度】【高度】分别设置为 640 像素、853 像素，将【分辨率】设置为 96 像素 / 英寸，将【颜色模式】设置为 "RGB 颜色"，将【背景内容】的颜色设置为白色，单击【创建】按钮，如图 6-73 所示。

（2）在菜单栏中选择【文件】|【置入嵌入对象】命令，弹出【置入嵌入的对象】对话框，选择【素材 \Cha06\ 素材 12.jpg】素材文件，单击【置入】按钮，调整素材的大小及位置，如图 6-74 所示。

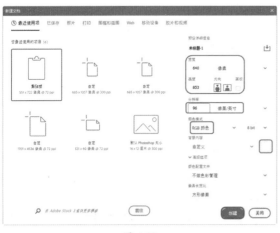

图 6-73

图 6-74

（3）在菜单栏中选择【文件】|【置入嵌入对象】命令，弹出【置入嵌入的对象】对话框，选择【素材 \Cha06\ 素材 13.png】素材文件，单击【置入】按钮，调整素材的大小及位置，如图 6-75 所示。

（4）使用【横排文字工具】输入文本，将【字体】设置为"方正华隶简体"，将【字体大小】设置为 95 点，将【字符间距】设置为 -280，将【垂直缩放】设置为 135%，将【水平缩放】设置为 120%，将【颜色】设置为 #dc4b67。如图 6-76 所示。

图 6-75　　　　　　　　　　　　　图 6-76

（5）使用【横排文字工具】输入文本，将【字体】设置为"汉仪蝶语体简"，将【字体大小】设置为 75 点，将【字符间距】设置为 -280，将【垂直缩放】设置为 135%，将【水平缩放】设置为 164%，将【颜色】设置为 #dc4b67，如图 6-77 所示。

（6）新建图层使用【横排文字工具】输入文本，将【字体】设置为"汉仪蝶语体简"，将【字体大小】设置为 90 点，将【字符间距】设置为 -280，将【垂直缩放】设置为 103%，将【水平缩放】设置为 129%，将【颜色】设置为 #dc4b67，效果如图 6-78 所示。

图 6-77　　　　　　　　　　　　　图 6-78

（7）将文字栅格化，用【橡皮擦工具】对"感恩"文字进行擦除，如图 6-79 所示。

（8）使用【矩形工具】绘制矩形，将 W 和 H 设置为 503 像素、34 像素，将【填色】设置为无，将【描边】设置为 #fc4580，将【描边宽度】设置为 1 像素，如图 6-80 所示。

图 6-79　　　　　　　　　　　　　　　　　　　　　　图 6-80

（9）在【图层】面板中选择绘制的矩形，单击鼠标右键，选择【复制图层】命令，在弹出的【复制图层】对话框中保持默认设置，单击【确定】按钮，对其进行复制，如图 6-81 所示。

（10）选择复制后的【矩形 1 拷贝】图层，将 W 和 H 设置为 503 像素、34 像素，将 X 和 Y 设置为 72 像素、410 像素，将【填色】设置为 #fc4580，将【描边】设置为无，将【描边宽度】设置为 1 像素，效果如图 6-82 所示。

图 6-81　　　　　　　　　　　　　　　　　　　　　　图 6-82

（11）使用【横排文字工具】输入文本，将【字体】设置为"微软雅黑"，将【字体样式】设置为"Regular"，将【字体大小】设置为 15.54 点，将【字符间距】设置为 0，将【颜色】设置为白色。将【语言】设置为"美国英语"，将【消除锯齿】设置为"锐利"，效果如图 6-83 所示。

（12）选中输入的文本，将【字体】设置为"微软雅黑"，将【字体样式】设置为"Bold"，将【字体大小】设置为 20 点，将【字符间距】设置为 0，将【颜色】设置为 #fff100，如图 6-84 所示。

（13）使用【横排文字工具】输入文本，将【字体】设置为"微软雅黑"，将【字体样式】设置为"Regular"，将【字体大小】设置为 18 点，将【字符间距】设置为 0，将【颜色】设置为 #262626，如图 6-85 所示。

图 6-83

图 6-84

图 6-85

（14）使用【横排文字工具】输入文本，将【字体】设置为"微软雅黑"，将【字体样式】设置为"Regular"，将【字体大小】设置为15点，将【字符间距】设置为200，将【颜色】设置为#262626，如图 6-86 所示

（15）使用同样的方法制作其他文本，如图 6-87 所示。

（16）在菜单栏中选择【文件】|【置入嵌入对象】命令，弹出【置入嵌入的对象】对话框，选择【素材 \Cha06\ 素材 14.png】素材文件，置入素材文件后调整其大小及位置，如图 6-88 所示。

图 6-86

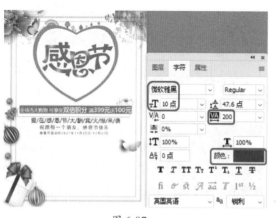

图 6-87

图 6-88

Chapter

07

宣传展架设计

本章导读：

　　X 展架是一种用作广告宣传的、背部带有 X 型支架的展览展示用品。X 展架又名产品展示架、促销架、便携式展具和资料架等，是根据产品的特点，设计与之匹配的产品促销展架，再加上具有创意的 LOGO 标牌，能使产品醒目地展现在公众面前，从而加大对产品的宣传作用。

◆◆◆◆◆◆◆

实例 092　制作婚礼展架

下面讲解如何制作婚礼展架，方法是首先制作出婚礼背景，然后置入相应的素材文件，通过【横排文字工具】输入文本，将文本转换为形状后进行调整，制作出艺术字效果，最后输入其他文本对象。婚礼展架效果如图 7-1 所示。

图 7-1

（1）新建【宽度】【高度】为 1500 像素、3375 像素，【分辨率】为 72 像素 / 英寸，【颜色模式】为"RGB 颜色 /8bit"，【背景颜色】为白色的文档。在工具箱中选择【矩形工具】▭，在工作区中绘制一个矩形。选中绘制的矩形，在【属性】面板中将 W、H 分别设置为 1500 像素、1730 像素，将 X、Y 分别设置为 0 像素，将【填色】设置为黑色，将【描边】设置为无，如图 7-2 所示。

（2）在菜单栏中选择【文件】|【置入嵌入对象】命令，弹出【置入嵌入的对象】对话框，选择【素材 \Cha07\ 素材 1.jpg】素材文件，单击【置入】按钮后调整素材的大小及位置。在【素材 1】图层上单击鼠标右键，在弹出的快捷菜单中选择【创建剪贴蒙版】命令，创建剪贴蒙版后的效果如图 7-3 所示。

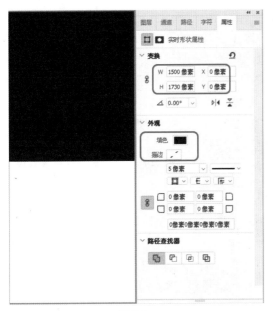

图 7-2

图 7-3

（3）在工具箱中选择【椭圆工具】，在工具选项栏中将【工具模式】设置为"形状"，将【填充】设置为 #fff4f4，将【描边】设置为无，在工作界面中绘制 W、H 均为 1026 像素的正圆，如图 7-4 所示。

（4）在菜单栏中选择【文件】|【置入嵌入对象】命令，弹出【置入嵌入的对象】对话框，选择【素材 \Cha07\ 素材 2.png】素材文件，单击【置入】按钮，适当调整素材文件以及正圆的位置，效果如图 7-5 所示。

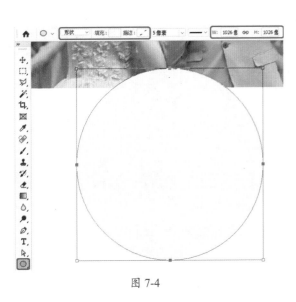

图 7-4

图 7-5

（5）在工具箱中选择【横排文字工具】 **T.** ，在工作区中输入文字。选中输入的文字，在【字符】面板中将【字体】设置为"迷你简中倩"，将【字体大小】设置为 180 点，将【颜色】的设置为 #ff4062，并在工作区中调整文字的位置，如图 7-6 所示。

（6）在工作区中使用同样的方法输入其他文字，并对其进行相应的设置与调整，其中的英文文字的【字体】设置为"方正报宋简体"，效果如图 7-7 所示。

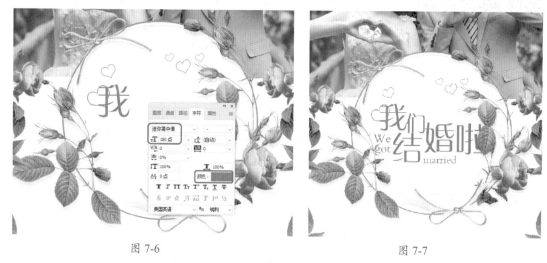

图 7-6　　　　　　　　　　　　　　　　　　　　　图 7-7

（7）在【图层】面板中选择所有的文字图层，右击鼠标，在弹出的快捷菜单中选择【转换为形状】命令，如图 7-8 所示。

（8）继续选中所选的图层，在菜单栏中选择【图层】|【合并形状】|【统一形状】命令，如图 7-9 所示。

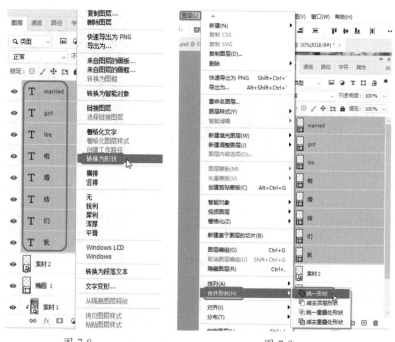

图 7-8　　　　　　　　　　　　　　　　　　　　　图 7-9

（9）在工具箱中选择【直接选择工具】
，在工作区中选择合并后的形状其对其进
行调整。在【图层】面板中选择 married 图层，
将其重新命名为"艺术字"，效果如图 7-10
所示。

（10）双击【艺术字】图层，在弹出的
对话框中选择【描边】选项，将【大小】设
置为 10 像素，将【位置】设置为"外部"，
将【颜色】设置为 #fcfbf9，如图 7-11 所示。

（11）单击【确定】按钮，添加描边后
的效果如图 7-12 所示。

图 7-10

图 7-11

图 7-12

提示：

在操作过程中，如果出现了失误或者对调整的结果不满意，可以进行撤销操作或者将图像恢复至
最近保存过的状态。在菜单栏中选择【编辑】|【还原】命令，或者按 Ctrl+Z 组合键，可以撤销所做的
最后一次修改，将其还原至上一步操作的状态；如果需要取消还原，可以按 Shift+Ctrl+Z 组合键。

如果需要连续还原，可以在菜单栏中多次选择【编辑】|【后退一步】命令，或者多次按 Ctrl+Alt+Z
组合键来逐步撤销操作。

除此之外，在 Photoshop 中的每一步操作都会被记录在【历史记录】面板中，通过该面板可以快速
恢复到操作过程中的某一步状态，也可以再次回到当前的操作状态，在菜单栏中选择【窗口】|【历史记录】
命令，可以打开【历史记录】面板。

（12）在工具箱中选择【圆角矩形工具】 ，在工具选项栏中将【工具模式】设置为"形
状"，将【填充】设置为 #ff3055，将【描边】设置为无，在工作界面中绘制圆角矩形，将 W、
H 设置为 500 像素、50 像素，在【属性】面板中将圆角半径均设置为 25 像素，如图 7-13 所示。

（13）在工具箱中选择【横排文字工具】 ，在工作区中输入文字。选中输入的文字，
在【字符】面板中将【字体】设置为"创艺简黑体"，将【字体大小】设置为 30 点，将【字
符间距】设置为 -50，将【颜色】设置为白色，并在工作区中调整文字的位置，如图 7-14 所示。

图 7-13

图 7-14

（14）在工具箱中选择【横排文字工具】 **T.**，在工作区中输入文字。选中输入的文字，在【字符】面板中将【字体】设置为"经典黑体简"，将【字体大小】设置为 120 点，将【字符间距】设置为 75，将【颜色】设置为 #ff4062，并在工作区中调整文字的位置，如图 7-15 所示。

（15）使用同样的方法制作其他内容，效果如图 7-16 所示。

图 7-15

图 7-16

实例 093　制作装饰公司宣传展架

下面讲解如何制作装饰公司宣传展架，方法是打开素材文件，用【横排文字工具】输入文本并添加图层样式，制作出标题部分；再置入相应的素材文件，通过【横排文字工具】【圆角矩形工具】【椭圆工具】制作出其他的内容。装饰公司宣传展架效果如图 7-17 所示。

（1）按 Ctrl+O 组合键，在弹出的对话框中选择【素材 \Cha07\ 素材 3.jpg】素材文件，单击【打开】按钮，效果如图 7-18 所示。

（2）在菜单栏中选择【文件】|【置入嵌入对象】命令，弹出【置入嵌入的对象】对话框，选择【素材 \Cha07\ 素材 4.png】素材文件，单击【置入】按钮，在【属性】面板中将 X、Y 设置为 160 像素、179 像素，如图 7-19 所示。

| 图 7-17 | 图 7-18 | 图 7-19 |

（3）在工具箱中选择【横排文字工具】 T., 在工作区中输入文字。选中输入的文字, 在【字符】面板中将【字体】设置为"汉仪菱心体简", 将【字体大小】设置为 178 点, 将【字符间距】设置为 -10, 将【颜色】设置为 #eacf2d, 效果如图 7-20 所示。

（4）继续选中该文字, 按 Ctrl+T 组合键, 在工具选项栏中将【旋转】【水平斜切】分别设置为 -3.8 度、-5.5 度, 如图 7-21 所示。

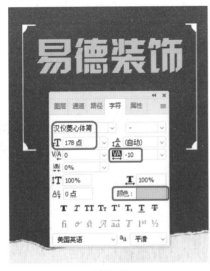

| 图 7-20 | 图 7-21 |

（5）设置完成后，按 Enter 键确认，完成变换，并在工作区中调整其位置。在【图层】面板中双击【易德装饰】文字图层，在弹出的对话框中选择【描边】选项，将【大小】设置为 46 像素，将【位置】设置为"外部"，将【颜色】设置为 #383a3a，单击【确定】按钮，如图 7-22 所示。

（6）在工具箱中选择【横排文字工具】T.，在工作区中输入文字。选中输入的文字，在【字符】面板中将【字体】设置为"汉仪菱心体简"，将【字体大小】设置为 129 点，将【字符间距】设置为 -10，将【颜色】设置为 #eacf2d，效果如图 7-23 所示。

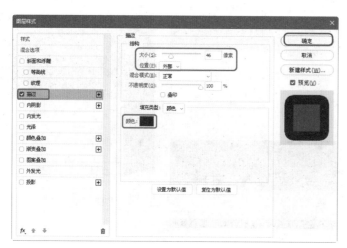

图 7-22　　　　　　　　　　　　　　　　　图 7-23

（7）继续选中该文字，按 Ctrl+T 组合键，在工具选项栏中将【旋转】【水平斜切】分别设置为 -3.4 度、-4.2 度，如图 7-24 所示。

（8）设置完成后，按 Enter 键确认，完成变换，并在工作区中调整其位置。在【图层】面板中双击【我们更专业】文字图层，在弹出的对话框中选择【描边】选项，将【大小】设置为 46 像素，将【位置】设置为"外部"，将【颜色】设置为 #383a3a，单击【确定】按钮，如图 7-25 所示。

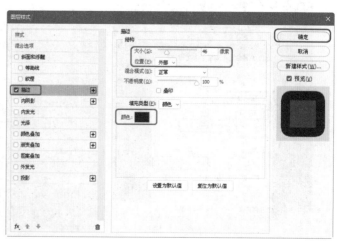

图 7-24　　　　　　　　　　　　　　　　图 7-25

（9）根据前面的方法在工作区中绘制多个图形，并对其进行调整，效果如图 7-26 所示。

> **提示：**
>
> 　　为了方便管理，在【图层】面板中选择所绘制的图形，按住鼠标将其拖曳至【创建新组】按钮上，将其新建一个图层组。

（10）在工具箱中选择【横排文字工具】 T.，在工作区中输入文字。选中输入的文字，在【字符】面板中将【字体】设置为"微软雅黑"，将【字体样式】设置为"Bold"，将【字体大小】设置为 64 点，将【字符间距】设置为 50，将【颜色】设置为 #eacf2c，如图 7-27 所示。

图 7-26　　　　　　　　　　　　　　　　图 7-27

（11）在【图层】面板中双击【装修无忧·专业定制】文字图层，在弹出的对话框中选择【描边】选项，将【大小】设置为 14 像素，将【位置】设置为"外部"，将【颜色】设置为 #383a3a，单击【确定】按钮，如图 7-28 所示。

（12）根据前面的方法输入如图 7-29 所示的文字，并对其进行相应的设置。

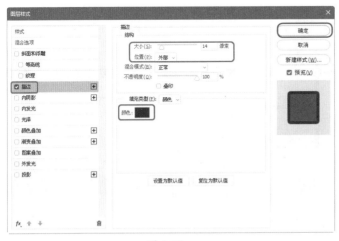

图 7-28　　　　　　　　　　　　　　　　图 7-29

（13）在菜单栏中选择【文件】|【置入嵌入对象】命令，弹出【置入嵌入的对象】对话框，选择【素材 \Cha07\ 素材 5.png】素材文件，单击【置入】按钮，并在工作区中调整其位置，效果如图 7-30 所示。

（14）在菜单栏中选择【文件】|【置入嵌入对象】命令，弹出【置入嵌入的对象】对话框，选择【素材 \Cha07\ 素材 6.png】素材文件，单击【置入】按钮，并在工作区中调整其位置，效果如图 7-31 所示。

图 7-30

图 7-31

（15）在工具箱中选择【椭圆工具】○，按住 Shift 键在工作区中绘制一个正圆，在【属性】面板中将 W、H 都设置为 520 像素，将【填色】设置为 #5f5f5f，将【描边】设置为无，如图 7-32 所示。

（16）在【图层】面板中双击该正圆图层，在弹出的对话框中选择【描边】选项，将【大小】设置为 17 点，将【位置】设置为"外部"，将【颜色】的 RGB 值设置为 255、255、255，如图 7-33 所示。

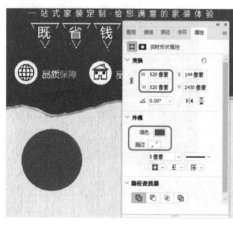
图 7-32

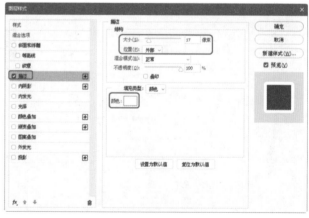
图 7-33

（17）在该对话框中选择【投影】选项，将【混合模式】设置为"正片叠底"，将【阴影颜色】设置为 #4e4e4e，将【不透明度】设置为 75%，将【角度】设置为 90 度，勾选【使用全局光】复选框，将【距离】【扩展】【大小】分别设置为 31 像素、0%、25 像素，单击【确定】按钮，如图 7-34 所示。

（18）置入【素材 7.jpg】素材文件，在工作区中调整其位置，在【图层】面板中选择该素材文件图层，右击鼠标，在弹出的快捷菜单中选择【创建剪贴蒙版】命令，效果如图 7-35 所示。

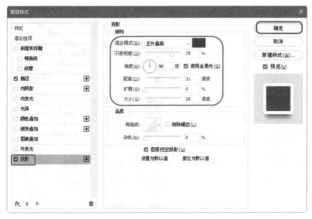

图 7-34

图 7-35

（19）使用同样的方法创建其他效果，并对其进行调整，如图 7-36 所示。

（20）根据前面的方法创建其他文字与图形，并对其进行相应的设置，效果如图 7-37 所示。

图 7-36

图 7-37

◆◆◆◆◆◆◆◆

实例 094　制作酒店活动宣传展架

下面讲解如何制作酒店活动宣传展架，方法是首先使用【钢笔工具】绘制三角形，接着置入素材文件并创建剪贴蒙版，制作出商务酒店的背景部分，再通过【横排文字工具】输入文本并设置字符参数，然后置入其他素材文件，通过【圆角矩形工具】【横排文字工具】【钢笔工具】制作酒店会所简介等内容。酒店活动宣传展架效果如图 7-38 所示。

（1）新建【宽度】和【高度】为1500 像素、3375 像素，【分辨率】为72 像素 / 英寸，【颜色模式】为"RGB 颜色 /8bit"，【背景颜色】为白色的文档。在工具箱中选择【钢笔工具】，将【工具模式】设置为"形状"，将【填充】设置为#302e2f，将【描边】设置为无，绘制如图 7-39 所示的图形。

（2）在工具箱中选择【钢笔工具】，将【工具模式】设置为"形状"，将【填充】设置为#ffb619，将【描边】设置为无，绘制如图 7-40 所示的图形。

（3）在菜单栏中选择【文件】|【置入嵌入对象】命令，弹出【置入嵌入的对象】对话框，选择【素材 \Cha07\ 素材10.jpg】素材文件，单击【置入】按钮后调整素材的大小及位置。将【素材 10】图层调整至【形状 1】图层上方，单击鼠标右键，在弹出的快捷菜单中选择【创建剪贴蒙版】命令，如图 7-41 所示。

（4）使用同样的方法，置入【素材 11.jpg】【素材12.jpg】文件，调整图层位置并创建剪贴蒙版，如图 7-42 所示。

图 7-38

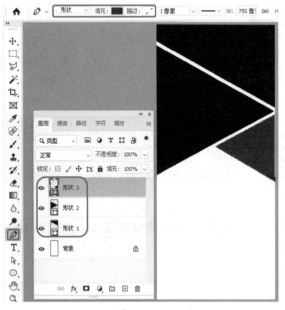

图 7-39

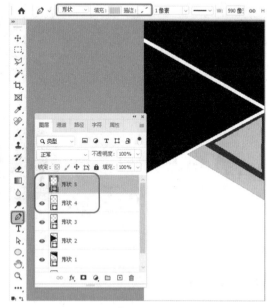

图 7-40

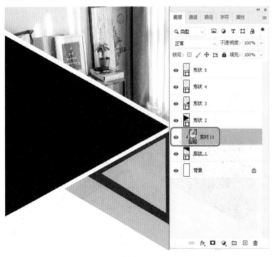
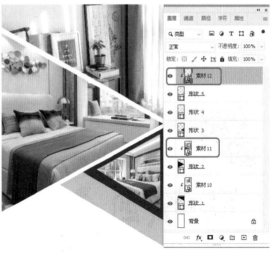

图 7-41 图 7-42

（5）在工具箱中选择【横排文字工具】 T.，在工作区中输入文字"商务"。选中输入的文字，在【字符】面板中将【字体】设置为"方正大黑简体"，将【字体大小】设置为 240 点，将【字符间距】设置为 0，将【颜色】设置为 #262626，如图 7-43 所示。

（6）在工具箱中选择【横排文字工具】 T.，在工作区中分别输入文字"酒""店"。选中输入的文字，在【字符】面板中将【字体】设置为"叶根友行书繁"，将"酒"的【字体大小】设置为 285 点，将"店"的【字体大小】设置为 350 点，将【颜色】都设置为 #262626，设置完成后的效果如图 7-44 所示。

（7）在工具箱中选择【横排文字工具】 T.，在工作区中输入文字"Shangwu"。选中输入的文字，在【字符】面板中将【字体】设置为"汉仪菱心体简"，将【字体大小】设置为 160 点，将【字符间距】设置为 -60，将【颜色】设置为 #ffb619，如图 7-45 所示。

图 7-43 图 7-44 图 7-45

（8）在工具箱中选择【直线工具】按钮 ✎，在工具选项栏中将【工具模式】设置为"形状"，将【填充】设置为无，将【描边】设置为 #262626，将【粗细】设置为 8 像素，在工作界面中绘制直线段，将【W】设置为 1020 像素，如图 7-46 所示。

（9）使用【横排文字工具】输入文本并进行相应的设置，效果如图 7-47 所示。

图 7-46

图 7-47

（10）在菜单栏中选择【文件】|【置入嵌入对象】命令，弹出【置入嵌入的对象】对话框，选择【素材\Cha07\ 素材 13.png】素材文件，单击【置入】按钮，调整素材的大小及位置，如图 7-48 所示。

（11）在工具箱中选择【圆角矩形工具】按钮 ▢，在工具选项栏中将【工具模式】设置为"形状"，绘制 W、H 为 1296 像素、240 像素的圆角矩形。在【属性】面板中，将【填色】设置为无，将【描边】设置为 #393737，将【描边粗细】设置为 4 像素，将【左上角半径】和【右下角半径】设置为 0 像素，将【右上角半径】和【左下角半径】设置为 120 像素，如图 7-49 所示。

图 7-48

图 7-49

（12）使用【圆角矩形工具】绘制 W、H 为 465 像素、63 像素的圆角矩形，将【填色】设置为 #2f2e2f，将【描边】设置为无，将圆角半径都设置为 20 像素，如图 7-50 所示。

（13）使用【横排文字工具】输入文本，将【字体】设置为"经典黑体简"，将【字体大小】设置为 42 点，将【字符间距】设置为 20，将【颜色】设置为白色，如图 7-51 所示。

图 7-50

图 7-51

（14）选择【椭圆工具】，按住 Shift 键绘制正圆，将【填充】设置为白色，如图 7-52 所示。

（15）使用【横排文字工具】输入段落文本，将【字体】设置为"Adobe 黑体 Std"，将【字体大小】设置为 30 点，将【字符间距】设置为 40，将【颜色】设置为黑色，如图 7-53 所示。

图 7-52

图 7-53

（16）使用【矩形工具】绘制 W、H 为 1500 像素、195 像素的矩形，将【填色】设置为 #2f2e2f，将【描边】设置为无，如图 7-54 所示。

（17）选择【钢笔工具】，将【工具模式】设置为"形状"，绘制三角形状，将【填充】设置为 #f5b124，将【描边】设置为无，如图 7-55 所示。

图 7-54 图 7-55

实例 095 制作健身宣传展架

本例讲解如何制作健身宣传展架。展架已被广泛地应用于大型卖场、商场、超市、展会、公司、招聘会等场所的展览展示活动，本例先通过【钢笔工具】绘制图形，再通过【横排文字工具】输入文本并对文本进行变形处理，制作出的展架效果如图 7-56 所示。

图 7-56

（1）新建【宽度】和【高度】为 1701、4536 像素，【分辨率】为 72 像素 / 英寸，【颜色模式】为 "RGB 颜色 8bit"，【背景颜色】为白色的文档。在工具箱中选择【钢笔工具】，在工具选项栏中将【工具模式】设置为 "形状"，将【填充】设置为黑色，将【描边】设置为无，绘制如图 7-57 所示的图形。

（2）在菜单栏中选择【文件】|【置入嵌入对象】命令，弹出【置入嵌入的对象】对话框，选择【素材 \Cha07\ 素材 14.jpg】素材文件，单击【置入】按钮后将图片水平翻转，并调整素材的大小及位置。在【素材 14】图层上单击鼠标右键，在弹出的快捷菜单中选择【创建剪贴蒙版】命令，效果如图 7-58 所示。

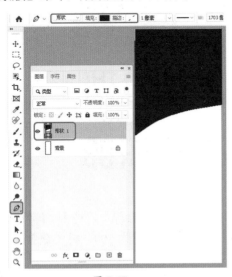

图 7-57

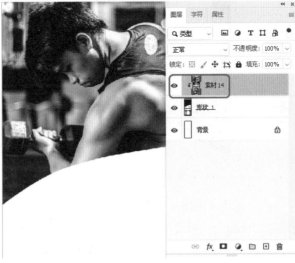

图 7-58

（3）在工具箱中选择【钢笔工具】，在工具选项栏中将【工具模式】设置为 "形状"，将【填充】设置为 #e10707，将【描边】设置为无，绘制如图 7-59 所示的图形。

（4）在工具箱中选择【钢笔工具】，在工具选项栏中将【工具模式】设置为 "形状"，将【填充】设置为 #a50606，将【描边】设置为无，绘制如图 7-60 所示的图形。将【形状 4】图层调整至【素材 14】图层的上方。

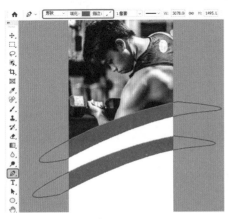

图 7-59

图 7-60

（5）使用【横排文字工具】输入文本，将【字体】设置为"微软雅黑"，将【字体样式】设置为"Bold"，将【字体大小】设置为 127 点，将【行距】设置为 150 点，将【字符间距】设置为 0，将【颜色】设置为 #c40e0e，如图 7-61 所示。

（6）使用【横排文字工具】输入文本，将【字体】设置为"汉仪菱心体简"，将【字体大小】设置为 240 点，将【字符间距】设置为 0，设置【颜色】为 #c40e0e，如图 7-62 所示。

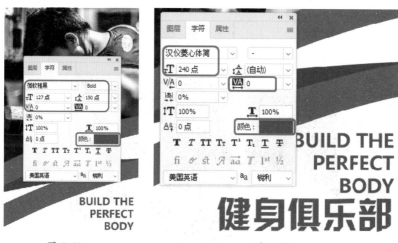

图 7-61   图 7-62

（7）使用【横排文字工具】输入文本，将【字体】设置为"微软雅黑"，将【字体样式】设置为"Bold"，将【字体大小】设置为 88 点，将【字符间距】设置为 800，将【颜色】设置为白色，如图 7-63 所示。

（8）在工具选项栏中单击【创建文字变形】按钮，弹出【变形文字】对话框，将【样式】设置为"扇形"，将【弯曲】设置为 6%，单击【确定】按钮，如图 7-64 所示。

图 7-63   图 7-64

（9）选中文本对象，按 Ctrl+T 组合键，在工具选项栏中将【旋转】设置为 -19.8 度，按 Enter 键确认变形，如图 7-65 所示。

（10）使用同样的方法继续制作如图 7-66 所示的变形文字。

图 7-65

图 7-66

（11）在工具箱中选择【直线工具】，在工具选项栏中将【工具模式】设置为"形状"，将【填充】设置为无，将【描边】设置为 #e10707，将【描边宽度】设置为 5 像素，绘制【W】为 1500 像素的直线，如图 7-67 所示。

（12）使用【横排文字工具】输入文本，将【字体】设置为"微软雅黑"，将【字体大小】设置为 50 点，将【字符间距】设置为 0，将【颜色】设置为黑色，单击【段落】面板中的【居中对齐文本】按钮 ≡，如图 7-68 所示。

图 7-67

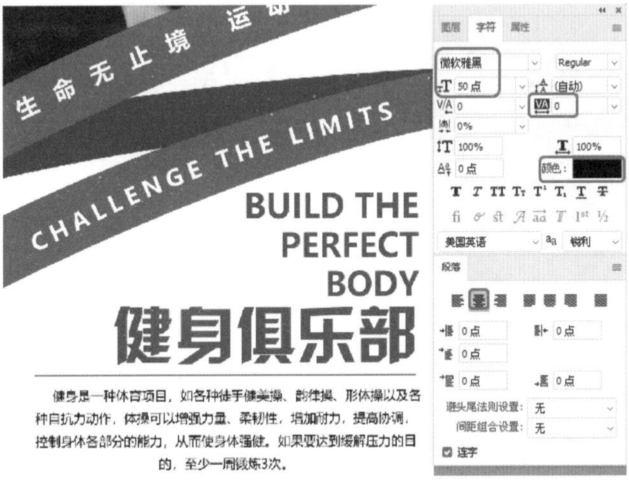

图 7-68

（13）在菜单栏中选择【文件】|【置入嵌入对象】命令，弹出【置入嵌入的对象】对话框，选择【素材 \Cha07\ 素材 15.png】素材文件，单击【置入】按钮，调整素材的位置，如图 7-69 所示。

（14）使用【横排文字工具】输入文本，将【字体】设置为"微软雅黑"，将【字体样式】设置为"Regular"，将【字体大小】设置为 68 点，将【行距】设置为 120 点，将【字符间距】设置为 0，将【颜色】设置为黑色，如图 7-70 所示。

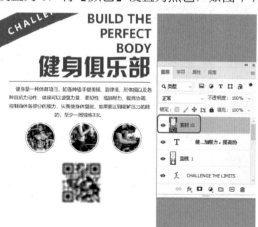

图 7-69

图 7-70

VI 设计

本章导读：

    VI 设计可以对生产系统、管理系统和营销、包装、广告，以及促销形象做一个标准化和统一管理，从而调动企业的积极性和每个员工的归属感、身份认同，使各职能部门能够有效地合作。对外，VI 通过符号形式的整合，形成了独特的企业形象，可方便他人识别，认同企业形象，进行完成产品的推广或服务的推广。

雨欣文化传媒有限公司

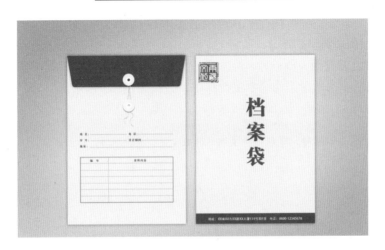

● ● ● ● ● ● ● ●

实例 096　制作 LOGO

　　LOGO 是徽标或者商标的外语缩写，它起到对徽标拥有公司的识别和推广的作用，通过形象的徽标，可以让消费者记住公司主体和品牌文化。本例将通过【横排文字工具】【圆角矩形工具】【画笔工具】来制作 LOGO，效果如图 8-1 所示。

图 8-1

　　（1）启动软件，按 Ctrl+N 组合键，在弹出的对话框中将【宽度】【高度】分别设置为 831 像素、531 像素，将【分辨率】设置为 72 像素 / 英寸，将【颜色模式】设置为"RGB 颜色"，单击【创建】按钮，如图 8-2 所示。

　　（2）在工具箱中选择【矩形工具】▭，在工作区中绘制一个圆角矩形，在【属性】面板中将 W、H 分别设置为 353 像素、348 像素，将 X、Y 分别设置为 240 像素、40 像素，将【填色】设置为 #cd0000，将【描边】设置为无，将所有的角半径都设置为 12 像素，如图 8-3 所示。

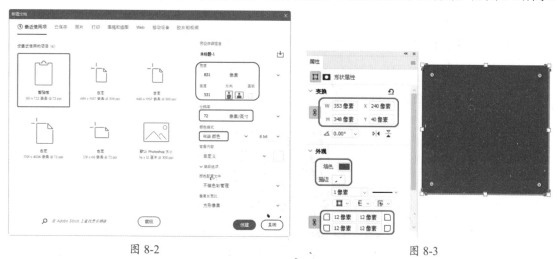

图 8-2　　　　　　　　　　　　　　　　　　图 8-3

　　（3）在【图层】面板中，按住 Ctrl 键单击【矩形 1】图层的缩览图，将其载入选区。单击【添加图层蒙版】按钮，如图 8-4 所示。

　　（4）将前景色设置为 #000000，将背景色设置为 #ffffff，在工具箱中选择【画笔工具】✐，选择一种画笔类型，在工作区中进行涂抹，效果如图 8-5 所示。

> 💡 **提示：**
> 　　在对圆角矩形进行涂抹时，可以借助【矩形选框工具】进行修饰，方法是使用【矩形选框工具】在蒙版中创建选区，然后填充前景色。

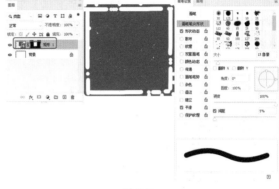

图 8-4　　　　　　　　　　　　　　　　　　图 8-5

（5）在工具箱中选择【直排文字工具】，在工作区中输入文字。选中输入的文字，在【属性】面板中将【字体】设置为"经典繁方篆"，将【字体大小】设置为 139 点，将【字符间距】设置为 0，将【颜色】设置为 #ffffff，并在工作区中调整其位置，效果如图 8-6 所示。

（6）在【图层】面板中双击【匠品】文字图层，在弹出的对话框中选择【描边】选项，将【大小】设置为 2 像素，将【位置】设置为"外部"，将【颜色】设置为 #ffffff，单击【确定】按钮，如图 8-7 所示。

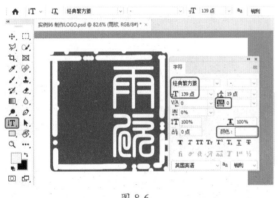

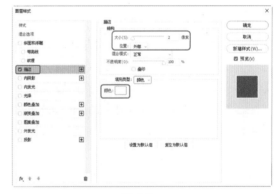

图 8-6　　　　　　　　　　　　　　　　　　图 8-7

（7）在【图层】面板中选择【雨欣】文字图层，将其拖曳至【创建新图层】按钮上进行复制，并对其进行修改，调整其位置，效果如图 8-8 所示。

（8）在工具箱中选择【矩形工具】，在工作区中绘制一个矩形，在【属性】面板中将 W、H 分别设置为 737 像素、91 像素，将 X、Y 分别设置为 48 像素、408 像素，将【填色】设置为 #cd0000，将【描边】设置为无，如图 8-9 所示。

图 8-8

（9）在工具箱中选择【横排文字工具】 **T.**，在工作区中输入文字。选中输入的文字，在【字符】面板中将【字体】设置为"经典隶书简"，将【字体大小】设置为95点，将【字符间距】设置为-50，将【垂直缩放】【水平缩放】均设置为80%，将【颜色】设置为#ffffff，如图8-10所示。

图 8-9   图 8-10

（10）至此 LOGO 就制作完成了，对文档进行保存即可。

实例 097　制作名片

名片是标示姓名及其所属组织、公司单位和联系方法的纸片，是新朋友互相认识、自我介绍的最快有效的方法。本例首先利用【矩形工具】制作名片背景，然后置入素材文件，并输入相应的文字进行完善，效果如图 8-11 所示。

（1）新建【宽度】【高度】为1134 像素、664 像素，【分辨率】为300 像素 / 英寸，【颜色模式】为"RGB 颜色"，【背景内容】为【白色】的文档。在【图层】面板中单击【创建新组】按钮 ▢，将组重新命名为"名片正面"。在工具箱中选择【矩形工具】，在工作区中绘制一个矩形。在【属性】面板中单击【填色】色块，在弹出的下拉列表中单击【渐变】按钮 ▱，将【渐变样式】设置为"线性"，将【角度】设置为 0 度，如图 8-12 所示。

图 8-11

（2）单击渐变条，在弹出的对话框中，将左侧色标的颜色值设置为 #b4030f，将右侧色标的颜色值设置为 #de2330，单击【确定】按钮，如图 8-13 所示。

（3）在【属性】面板中将 W、H 分别设置为 1134 像素、661 像素，将【描边】设置为无，并调整其位置，效果如图 8-14 所示。

（4）按 Ctrl+O 组合键，在弹出的对话框中选择【素材 \Cha08\ 素材 1.psd】素材文件，单击【打开】按钮。使用【移动工具】将素材文件中的对象拖曳至前面所创建的文档中，并在工作区中调整其位置，效果如图 8-15 所示。

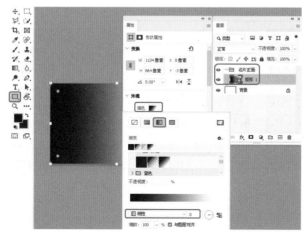

图 8-12　　　　　　　　　　　　　　　　　图 8-13

　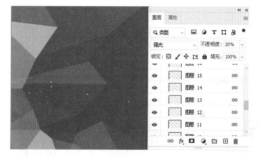

图 8-14　　　　　　　　　　　　　　　　　图 8-15

（5）在工具箱中选择【横排文字工具】 T.，在工作区中输入文字。选中输入的文字，在【字符】面板中将【字体】设置为 "Adobe 黑体 Std"，将【字体大小】设置为 15 点，将【字符间距】设置为 0，将【垂直缩放】【水平缩放】均设置为 100%，将【颜色】设置为白色，如图 8-16 所示。

（6）再次使用【横排文字工具】 T.在工作区中输入文字。选中输入的文字，在【字符】面板中将【字体大小】设置为 8.5 度，效果如图 8-17 所示。

图 8-16　　　　　　　　　　　　　　　　　图 8-17

（7）使用同样的方法在工作区中输入其他文字，并进行相应的设置，效果如图 8-18 所示。

（8）在菜单栏中选择【文件】|【置入嵌入对象】命令，在弹出的对话框中选择【素材 \ Cha08\ 素材 2.png】素材文件，单击【置入】按钮，按 Enter 键完成置入，并在工作区中调整其位置，效果如图 8-19 所示。

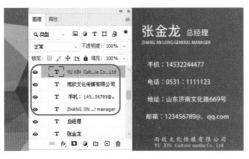

图 8-18　　　　　　　　　　　　　　　　　图 8-19

（9）在【图层】面板中选择【名片正面】图层组，单击【创建新组】按钮 ，将组重新命名为"名片反面"。在工具箱中选择【矩形工具】，在工作区中绘制一个矩形。在【属性】面板中将 W、H 分别设置为 1134 像素、661 像素，将【填色】的颜色值设置为 #3e3e3e，将【描边】设置为无，效果如 10-20 所示。

（10）打开【LOGO.psd】素材文件，在【图层】面板中选择【雨欣】【文化】【矩形 1】图层，将其拖曳至名片文档中，如图 8-21 所示。

图 8-20　　　　　　　　　　　　　　　　　图 8-21

（11）在【图层】面板中选择【雨欣】【文化】两个图层，按 Ctrl+E 组合键将其合并。按住 Ctrl 键单击【文化】图层的缩览图，将其载入选区。将【文化】图层隐藏，选择【矩形 1】图层的图层蒙版，将前景色设置为黑色，按 Alt+Delete 组合键填充图层蒙版，效果如图 8-22 所示。

（12）按 Ctrl+D 组合键取消选区。选中【矩形 1】图层，在【属性】面板中将【填色】的颜色值设置为 #e9e8e7，并在工作区中调整其大小与位置，效果如图 8-23 所示。

 提示：
　　在调整【矩形 1】的大小与位置时，需要按 Ctrl+T 组合键变换形状，调整其大小与位置。若在【属性】面板中更改图形的 W、H、X、Y 参数来调整大小与位置，则仅调整图层蒙版的大小，这会使 LOGO 显示不完整。

图 8-22

图 8-23

（13）在工具箱中选择【钢笔工具】，在工具选项栏中将【工具模式】设置为"形状"，将【填充】的颜色值设置为 #a11f28，将【描边】设置为无，在工作区中绘制如图 8-24 所示的图形。

（14）在工具箱中选择【矩形工具】，在工作区中绘制一个矩形，在【属性】面板中将 W、H 分别设置为 1134 像素、146 像素，将【填色】的颜色值设置为 #e8e8e8，将【描边】设置为无，效果如图 8-25 所示。

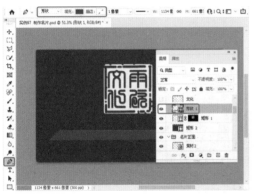

图 8-24

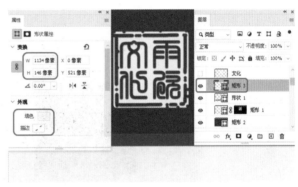

图 8-25

（15）在工具箱中选择【钢笔工具】 ，在工具选项栏中将【填充】的颜色值设置为 #de2230，在工作区中绘制如图 8-26 所示的图形。

（16）在工具箱中选择【椭圆选框工具】 ，在工作区中按住 Shift 键绘制一个正圆。在【图层】面板中选择【形状 2】图层，单击【添加图层蒙版】按钮，效果如图 8-27 所示。

图 8-26

图 8-27

（17）使用同样的方法在工作区中制作如图 8-28 所示的图形。

（18）使用前面的方法在工作区中输入相应的文字，并进行设置，效果如图 8-29 所示

图 8-28

图 8-29

实例 098　制作工作证

工作证一般是由公司发行的，带有相关工作号及佩戴人信息的卡牌，多由塑料制作而成。本节介绍如何制作企业工作证，效果如图 8-30 所示。

图 8-30

（1）新建【宽度】【高度】为 685 像素、1057 像素，【分辨率】为 300 像素 / 英寸，【颜色模式】为"RGB 颜色"，【背景内容】为【白色】的文档。在【图层】面板中单击【创建新组】按钮 ▭，将组重新命名为"工作证正面"，如图 8-31 所示。

（2）按 Ctrl+O 组合键，在弹出的对话框中选择【素材 \Cha08\ 实例 097 制作名片 .psd】素材文件，单击【打开】按钮。在【图层】面板中选择【矩形 2】【矩形 1】【形状 1】【矩形 3】【形状 2】图层，右击鼠标，在弹出的快捷菜单中选择【复制图层】命令，如图 8-32 所示。

图 8-31

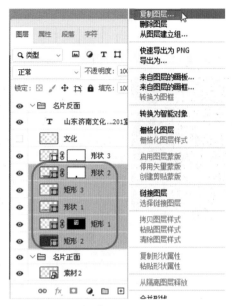

图 8-32

（3）在弹出的【复制图层】对话框中将【文档】设置为新创建的文档，单击【确定】按钮。返回至新创建的文档，在【图层】面板中将复制的图层拖曳至【工作证正面】组中，并在工作区中对复制的对象进行调整，效果如图 8-33 所示。

（4）在工具箱中选择【圆角矩形工具】◻.，在工作区中绘制一个圆角矩形，在【属性】面板中将 W、H 分别设置为 238 像素、294 像素，将【填色】设置为无，将【描边】设置为白色，将【描边宽度】设置为 4 像素；单击右侧的【描边类型】下拉列表框，在弹出的下拉列表中选择【虚线】选项；将【虚线】【间隙】分别设置为 4、2，将所有的圆角半径都设置为 20。在【图层】面板中，将该图层的【不透明度】设置为 80%，如图 8-34 所示。

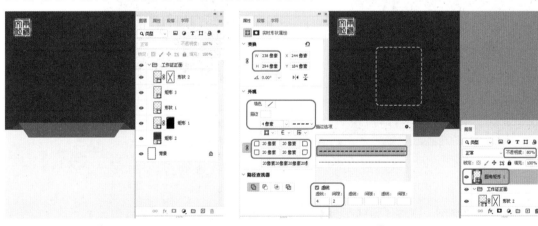

图 8-33

图 8-34

（5）在菜单栏中选择【文件】|【置入嵌入对象】命令，在弹出的对话框中选择【素材 \ Cha08\ 素材 3.png】素材文件，单击【置入】按钮，按 Enter 键完成置入，并在工作区中调整其位置。在【图层】面板中将【素材 3】的【不透明度】设置为 30%，效果如图 8-35 所示。

（6）在工具箱中选择【横排文字工具】，在工作区中输入文字。选中输入的文字，在【字符】面板中将【字体】设置为"经典隶书简"，将【字体大小】设置为 8 点，将【字符间距】设置为 100，将【颜色】设置为白色，效果如图 8-36 所示。

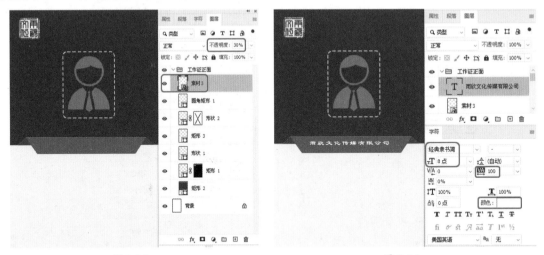

图 8-35   图 8-36

（7）再次使用【横排文字工具】在工作区中输入文字。选中输入的文字，在【字符】面板中将【字体】设置为"Adobe 黑体 Std"，将【字体大小】设置为 5 点，将【字符间距】设置为 280，将【垂直缩放】【水平缩放】均设置为 80%，将【颜色】设置为白色，单击【全部大写字母】按钮 **TT**，效果如图 8-37 所示。

（8）使用同样的方法在工作区中输入其他文字，并进行相应的设置，效果如图 8-38 所示。

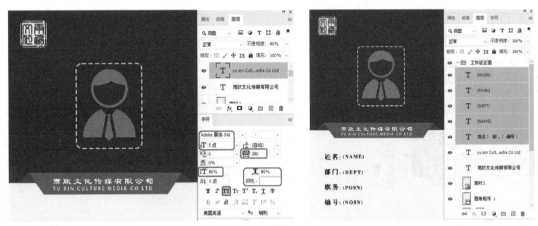

图 8-37   图 8-38

（9）在工具箱中选择【直线工具】，在工具选项栏中将【填充】设置为无，将【描边】设置为 #040000，将【粗细】设置为 1 像素，在工作区中按住 Shift 键绘制一条水平直线，效果如图 8-39 所示。

（10）在【图层】面板中选择【直线 1】图层，对其进行复制，并调整其位置，效果如图 8-40 所示。

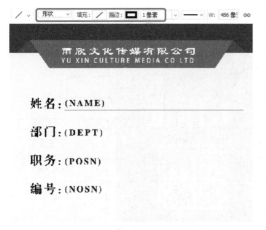

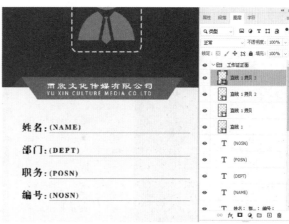

图 8-39　　　　　　　　　　　　　　　　　　　　　　图 8-40

（11）在【图层】面板中选择【工作证正面】组，在【图层】面板中单击【创建新组】按钮 ▭ ，将组重新命名为"工作证反面"。在【实例 096　制作名片】场景文件中将【名片反面】组隐藏，在【名片正面】组中选择【矩形 1】【图层 1】～【图层 17】图层，选中的对象拖曳至新创建的文档中，按 Ctrl+T 组合键变换形状；右击鼠标，在弹出的快捷菜单中选择【逆时针旋转 90 度】命令，如图 8-41 所示。

（12）按 Enter 键完成旋转，在工作区中调整对象的位置与大小，在【图层】面板中双击【矩形 1】图层的缩览图，在弹出的对话框中将【角度】设置为 90 度，单击【确定】按钮，如图 8-42 所示。

图 8-41　　　　　　　　　　　　　　　　　　　　　　图 8-42

（13）在【图层】面板中选择【工作证反面】组中的第一个图层，将【实例 097　制作名片】场景文件中的 LOGO 对象添加至当前文档中，并在【属性】面板中将【填色】设置为白色，效果如图 8-43 所示。

（14）使用【横排文字工具】在工作区中输入文字。选中输入的文字，在【字符】面板中将【字体】设置为"方正大标宋简体"，将【字体大小】设置为 34 点，将【字符间距】设置为 0，将【垂直缩放】【水平缩放】均设置为 100%，将【颜色】设置为白色，效果如图 8-44 所示。

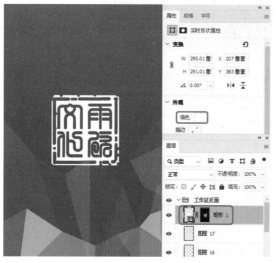

图 8-43

图 8-44

（15）根据前面的方法在工作区中制作其他内容，效果如图 8-45 所示。

（16）在【图层】面板中选择【工作证反面】组，按 Ctrl+Shift+Alt+E 组合键盖印图层，将盖印的图层重新命名为"工作证反面"，如图 8-46 所示。

图 8-45

图 8-46

（17）在【图层】面板中将【工作证反面】组与【工作证反面】图层隐藏，选择【工作证正面】组，按 Ctrl+Shift+Alt+E 组合键盖印图层，将盖印的图层重新命名为"工作证正面"，如图 8-47 所示。

（18）打开【素材 4.psd】素材文件，切换至前面制作的场景中，选择【工作证正面】图层，将其拖曳至【素材 4.psd】素材文件中，并调整其大小与位置。在【图层】面板中，将其调整【圆角矩形 1 拷贝】图层的下方，在【工作证正面】图层上右击鼠标，在弹出的快捷菜单中选择【创建剪贴蒙版】命令，如图 8-48 所示。

图 8-47　　　　　　　　　　　　　　　　　　　　　图 8-48

（19）返回至前面所创建的文档中，在【图层】面板中将【工作证反面】取消隐藏，将其拖曳至【素材 4.psd】素材文件中，并调整其大小与位置。在【图层】面板中，将其调整【圆角矩形 1 拷贝】图层的上方，在【工作证反面】图层上右击鼠标，在弹出的快捷菜单中选择【创建剪贴蒙版】命令，如图 8-49 所示。

（20）执行该操作后，即可完成工作证的制作，效果如图 8-50 所示。

图 8-49　　　　　　　　　　　　　　　　　　　　　图 8-50

◆◆◆◆◆◆◆◆

实例 099　制作纸袋

纸袋是我们日常生活最常用的收纳物品之一，本例将介绍如何制作纸袋效果，方法是首先打开背景素材，置入素材文件，再利用【圆角矩形工具】制作纸袋外观，效果如图 8-51 所示。

图 8-51

（1）按 Ctrl+O 组合键，在弹出的对话框中选择【素材 \Cha08\ 素材 5.jpg】素材文件，单击【打开】按钮，如图 8-52 所示。

（2）在菜单栏中选择【文件】|【置入嵌入对象】命令，在弹出的对话框中选择【素材 \Cha08\ 素材 6.png】素材文件，单击【置入】按钮，按 Enter 键完成置入，并在工作区中调整其位置，效果如图 8-53 所示。

图 8-52

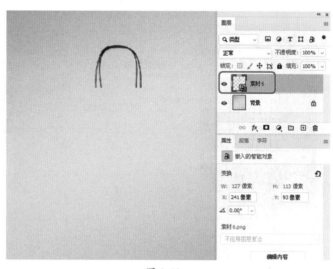

图 8-53

（3）在【图层】面板中双击【素材 6】图层，在弹出的对话框中选择【投影】选项，将【混合模式】设置为"正片叠底"，将【阴影颜色】设置为 #0b0306，将【不透明度】设置为 41%，取消勾选【使用全局光】复选框，将【角度】设置为 176 度，将【距离】【扩展】【大小】分别设置为 13 像素、0%、7 像素，单击【确定】按钮，如图 8-54 所示。

（4）在工具箱中选择【圆角矩形工具】，在工作区中绘制一个圆角矩形。在【属性】面板中将 W、H 分别设置为 303 像素、364 像素，将【填色】设置为 #f9f9f9，将【描边】设置为无，将所有的圆角半径均设置为 5 像素，如图 8-55 所示。

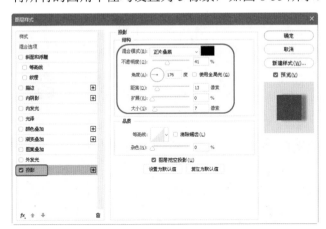

图 8-54

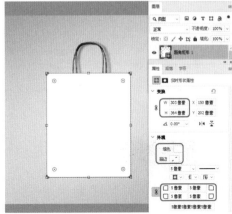

图 8-55

（5）在【图层】面板中双击【圆角矩形 1】图层，在弹出的对话框中选择【投影】选项，将【角度】设置为 120 度，将【距离】【扩展】【大小】分别设置为 13 像素、0%、34 像素，单击【确定】按钮，如图 8-56 所示。

（6）将【素材 7.jpg】素材文件置入文档中。在【图层】面板中，将【素材 7】的【混合模式】设置为"明度"，将【不透明度】设置为 50%。按住 Alt 键，在【素材 7】与【圆角矩形 1】图层中间单击鼠标，创建剪贴蒙版，如图 8-57 所示。

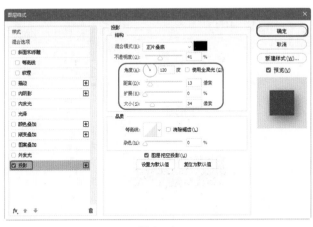

图 8-56

图 8-57

（7）在工具箱中选择【圆角矩形工具】，在工作区中绘制一个圆角矩形。在【属性】面板中将 W、H 分别设置为 303 像素、97 像素，将【填色】设置为 #3f3e3f，将【描边】设置为无，将圆角半径取消链接，将【左上角半径】【右上角半径】【左下角半径】【右下角半径】分别设置为 0 像素、0 像素、5 像素、5 像素，如图 8-58 所示。

（8）在【图层】面板中双击【圆角矩形 2】图层，在弹出的对话框中选择【投影】选项，将【角度】设置为 -90 度，将【距离】【扩展】【大小】分别设置为 2 像素、0%、3 像素，单击【确定】按钮，如图 8-59 所示。

图 8-58 图 8-59

（9）在【图层】面板中选择【素材 7】图层，按 Ctrl+J 组合键进行复制。将【素材 7 拷贝】图层调整至【圆角矩形 2】图层的上方，将【素材 7 拷贝】图层的【混合模式】设置为"线性加深"，将【不透明度】设置为 30%，并在工作区中调整其位置。按住 Alt 键，在【素材 7 拷贝】图层与【圆角矩形 2】图层中间单击鼠标，创建剪贴蒙版，效果如图 8-60 所示。

（10）打开【LOGO.psd】素材文件，在【图层】面板中选择【矩形 1】【雨欣】【文化】图层，将其拖曳至【素材 5】文档中。按 Ctrl+E 组合键，将添加的图层进行合并，并将其重新命名为"LOGO"，然后在工作区中调整其大小与位置，效果如图 8-61 所示。

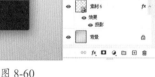

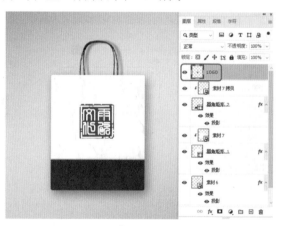

图 8-60 图 8-61

◆◆◆◆◆◆◆◆◆

实例 100　制作档案袋

本例将介绍如何制作档案袋效果，方法是利用【矩形工具】与【钢笔工具】制作档案袋外观形状，然后通过【横排文字工具】制作档案袋内容，从而完成档案袋的制作，效果如图 8-62 所示。

图 8-62

（1）按 Ctrl+O 组合键，在弹出的对话框中选择【素材\Cha08\素材 8.jpg】素材文件，单击【打开】按钮，如图 8-63 所示。

（2）在工具箱中选择【矩形工具】，在工作区中绘制一个矩形。在【属性】面板中，将 W、H 分别设置为 370 像素、508 像素，将【填充】设置为 #fbe6cb，将【描边】设置为无，效果如图 8-64 所示。

图 8-63

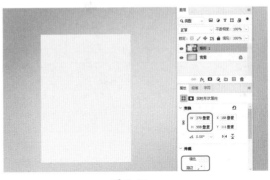

图 8-64

（3）在【图层】面板中双击【矩形 1】图层，在弹出的对话框中选择【投影】选项，将【混合模式】设置为"正片叠底"，将【阴影颜色】设置为 #0b0306，将【不透明度】设置为 41%，取消勾选【使用全局光】复选框，将【角度】设置为 90 度，将【距离】【扩展】【大小】分别设置为 0 像素、0%、11 像素，单击【确定】按钮，如图 8-65 所示。

（4）在工具箱中选择【钢笔工具】，在工具选项栏中将【工具模式】设置为"形状"，将【填充】设置为 #b4030f，将【描边】设置为无，在工作区中绘制如图 8-66 所示的图形。

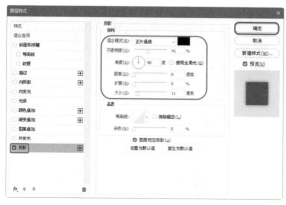

图 8-65

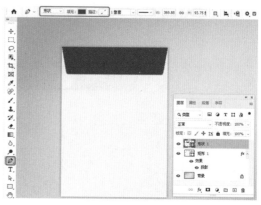

图 8-66

（5）在【图层】面板中双击【形状 1】图层，在弹出的对话框中选择【投影】选项，将【混合模式】设置为"正常"，将【阴影颜色】设置为 #070102，将【不透明度】设置为 30%，取消勾选【使用全局光】复选框，将【角度】设置为 90 度，将【距离】【扩展】【大小】分别设置为 0 像素、0%、9 像素，如图 8-67 所示。

（6）在菜单栏中选择【文件】|【置入嵌入对象】命令，在弹出的对话框中选择【素材 \ Cha08\ 素材 9.png】素材文件，单击【置入】按钮，按 Enter 键完成置入，并在工作区中调整其位置，效果如图 8-68 所示。

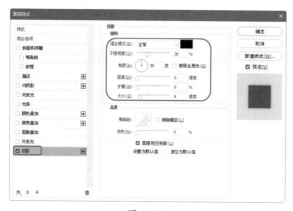

图 8-67

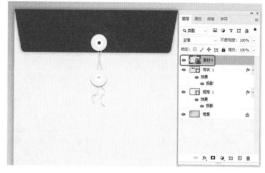

图 8-68

（7）使用【横排文字工具】在工作区中输入文字。选中输入的文字，在【字符】面板中，将【字体】设置为"方正粗宋简体"，将【字体大小】设置为 8 点，将【字符间距】设置为 260，将【垂直缩放】【水平缩放】均设置为 100%，将【颜色】设置为 #b4030f，效果如图 8-69 所示。

（8）使用同样的方法在工作区中输入其他文字，效果如图 8-70 所示。

（9）在工具箱中选择【直线工具】，在工具选项栏中将【填充】设置为无，将【描边】设置为 #b4030f，将【描边宽度】设置为 1 像素，将【路径操作】设置为"合并形状"，在工作区中绘制如图 8-71 所示的水平直线。

（10）在【图层】面板中将【形状 2】图层的【不透明度】设置为 30%，使用同样的方法利用【矩形工具】与【直线工具】在工作区中绘制其他图形，效果如图 8-72 所示。

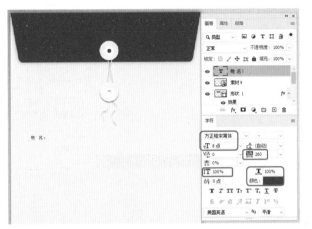

图 8-69

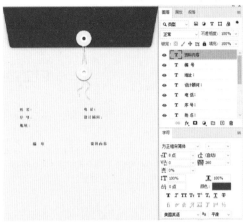

图 8-70

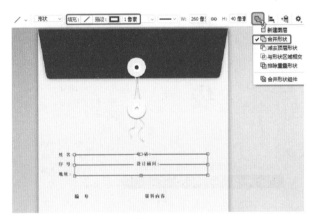

图 8-71

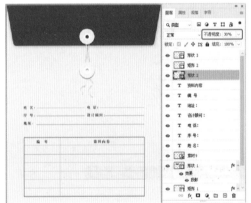

图 8-72

（11）在【图层】面板中选择【矩形 1】图层，按 Ctrl+J 组合键复制图层。将【矩形 1 拷贝】图层调整至【图层】面板的最上方，并在工作区中调整其位置，效果如图 8-73 所示。

（12）在工具箱中选择【矩形工具】，在工作区中绘制一个矩形。在【属性】面板中，将 W、H 分别设置为 370 像素、31 像素，将【填色】设置为 #b4030f，将【描边】设置为无，效果如图 8-74 所示。

（13）根据前面的方法在工作区中输入文字，并进行相应的设置，效果如图 8-75 所示。

（14）打开【LOGO.psd】素材文件，在【图层】面板中选择【矩形 1】【雨欣】【文化】图层，将其拖曳至【素材 8】文档中。按 Ctrl+E 组合键，将添加的图层进行合并，然后将其重新命名为"LOGO"，并在工作区中调整其大小与位置，效果如图 8-76 所示。

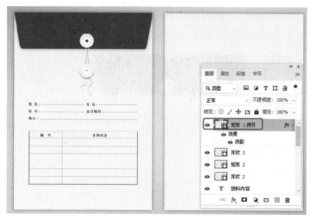

图 8-73

图 8-74

图 8-75

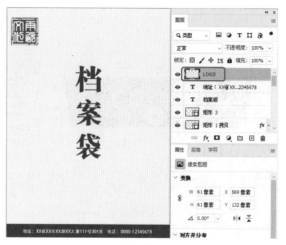

图 8-76

手机移动 UI 设计

本章导读：

UI 即 User Interface（用户界面）的简称，泛指用户的操作界面，包含移动 App、网页、智能穿戴设备等。UI 设计主要指设计界面的样式，强化美观程度。

实例 101 移动 UI 设计 1——手机登录界面

登录界面指的是需要提供帐号密码验证的界面，有控制用户权限、记录用户行为，保护操作安全的作用。下面将介绍如何制作手机登录界面，效果如图 9-1 所示。

（1）启动软件，按 Ctrl+N 组合键，在弹出的对话框中将【宽度】【高度】分别设置为 750 像素、1334 像素，将【分辨率】设置为 72 像素 / 英寸，如图 9-2 所示。

（2）设置完成后，单击【创建】按钮，在工具箱中选择【矩形工具】□，在工具选项栏中将【工具模式】设置为"形状"，在工作区中绘制一个矩形，在【属性】面板中将 W、H 分别设置为 750 像素、1334 像素，将【填色】的颜色值设置为 #0f6c8e，将【描边】设置为无，在工作区中调整其位置，效果如图 9-3 所示。

图 9-1

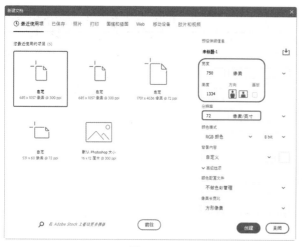

图 9-2

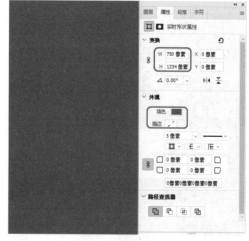

图 9-3

（3）在菜单栏中选择【文件】|【置入嵌入对象】命令，在弹出的对话框中选择【素材 \ Cha09\ 素材 1.jpg】素材文件，单击【置入】按钮，按 Enter 键完成置入，在工作区中调整其位置，效果如图 9-4 所示。

（4）在【图层】面板中选择【素材 1】图层，将【混合模式】设置为"叠加"，将【不透明度】设置为 32%，单击【添加图层蒙版】按钮 ▣。在工具箱中选择【渐变工具】 ▣，在工具选项栏中将【渐变颜色】设置为"黑，白渐变"，在工作区中拖动鼠标为图层蒙版进行填充，效果如图 9-5 所示。

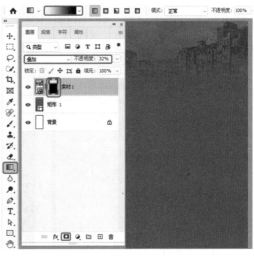

图 9-4　　　　　　　　　　　　　　　　　　　图 9-5

　　（5）在工具箱中选择【椭圆工具】 ○.，在工具选项栏中将【工具模式】设置为"形状"，将【填充】的颜色值设置为 #ffffff，将【描边】设置为无，在工作区中按住 Shift 键绘制一个正圆，在【属性】面板中将 W、H 均设置为 11 像素，并调整其位置，效果如图 9-6 所示。

　　（6）在【图层】面板中选择【椭圆 1】图层，将其拖曳至【创建新图层】按钮上，共复制四次。在工具箱中选择【移动工具】 ⊕.，并依次调整每个圆形的位置，效果如图 9-7 所示。

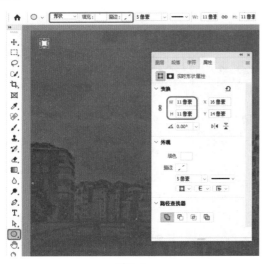

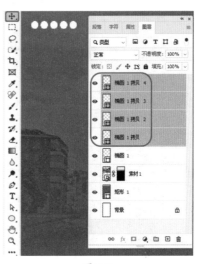

图 9-6　　　　　　　　　　　　　　　　　　　图 9-7

　　（7）在【图层】面板中选择【椭圆 1 拷贝 3】【椭圆 1 拷贝 4】图层，在工具箱中选择【椭圆工具】 ○.，在工具选项栏中将【填充】设置为无，将【描边】的颜色值设置为 #ffffff，将【描边宽度】设置为 1 像素，如图 9-8 所示。

（8）在工具箱中选择【横排文字工具】 T,，在工作区中输入文字。选中输入的文字，在【字符】面板中将【字体】设置为"Adobe 黑体 Std"，将【字体大小】设置为 24 点，将【字符间距】设置为 0，将【颜色】设置为 #ffffff，效果如图 9-9 所示。

图 9-8　　　　　　　　　　　　　　　　　　图 9-9

（9）在工具箱中选择【钢笔工具】 ⌀,，在工具选项栏中将【工具模式】设置为"形状"，将【填充】设置为白色，将【描边】设置为无，在工作区中绘制如图 9-10 所示的图形。

（10）继续选择【钢笔工具】 ⌀,，在工具选项栏中将【路径操作】设置为"合并形状"，在工作区中绘制如图 9-11 所示的图形。

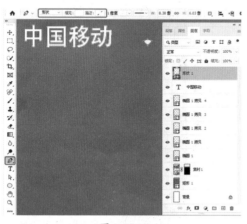 

图 9-10　　　　　　　　　　　　　　　　　　图 9-11

（11）在工具箱中选择【横排文字工具】 T,，在工作区中输入文字。选中输入的文字，在【字符】面板中将【字体】设置为"Myriad Pro"，将【字体大小】设置为 24 点，将【字符间距】设置为 0，将【颜色】设置为 #ffffff，效果如图 9-12 所示。

（12）使用前面的方法制作状态栏中其他内容，效果如图 9-13 所示。

图 9-12

图 9-13

（13）在工具箱中选择【钢笔工具】 ◢.，在工具选项栏中将【填充】设置为无，将【描边】的颜色值设置为 #ffffff，将【描边宽度】设置为 3 像素，将【描边类型】下的【端点】【角点】均设置为圆形，在工作区中绘制如图 9-14 所示的图形。

（14）在工具箱中选择【横排文字工具】 T.，在工作区中输入文字。选中输入的文字，在【字符】面板中将【字体】设置为"Adobe 黑体 Std"，将【字体大小】设置为 37 点，将【字符间距】设置为 10，将【颜色】设置为 #ffffff，效果如图 9-15 所示。

图 9-14

图 9-15

（15）再次使用【横排文字工具】 T.在工作区中输入文字。选中输入的文字，在【字符】面板中将【字体】设置为"Adobe 黑体 Std"，将【字体大小】设置为 23 点，将【字符间距】设置为 10，将【颜色】设置为 #ffffff，效果如图 9-16 所示。

（16）在工具箱中选择【椭圆工具】 ○.，在工作区中按住 Shift 键绘制一个正圆，在【属性】面板中将 W、H 均设置为 196 像素，将【填色】设置为白色，将【描边】设置为无，在工作区中调整其位置，效果如图 9-17 所示。

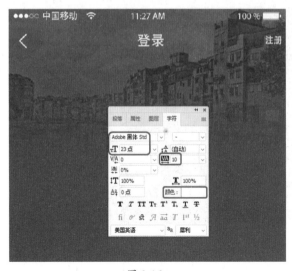

图 9-16   图 9-17

（17）在【图层】面板中双击【椭圆 2】图层，在弹出的对话框中选择【描边】选项，将【大小】设置为 10 像素，将【位置】设置为"外部"，将【混合模式】设置为"正常"，将【不透明度】设置为 60%，将【颜色】设置为白色，单击【确定】按钮，如图 9-18 所示。

（18）在【图层】面板中选择【椭圆 2】图层，按 Ctrl+J 组合键复制图层，在【属性】面板中将复制的椭圆的 W、H 均设置为 181 像素，并调整其位置，效果如图 9-19 所示。

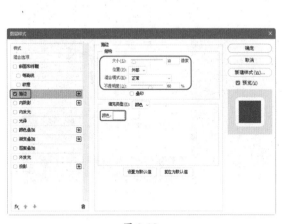

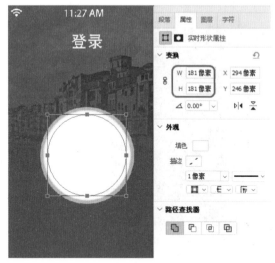

图 9-18   图 9-19

（19）在菜单栏中选择【文件】|【置入嵌入对象】命令，在弹出的对话框中选择【素材\Cha09\素材 2.jpg】素材文件，单击【置入】按钮，按 Enter 键完成置入，在工作区中调整其位置。在【图层】面板中选择【素材 2】图层，右击鼠标，在弹出的快捷菜单中选择【创建剪贴蒙版】命令，如图 9-20 所示。

（20）在工具箱中选择【圆角矩形工具】 ▭.，在工作区中绘制一个圆角矩形，在【属性】面板中将 W、H 分别设置为 575 像素、93 像素，将【填充】设置为白色，将【描边】设置为无，将所有的圆角半径均设置为 10 像素，并在工作区中调整其位置，效果如图 9-21 所示。

图 9-20　　　　　　　　　　　　　　　　　图 9-21

（21）在菜单栏中选择【文件】|【置入嵌入对象】命令，在弹出的对话框中选择【素材\Cha09\ 素材 3.png】素材文件，单击【置入】按钮，按 Enter 键完成置入，在工作区中调整其位置，如图 9-22 所示。

（22）在工具箱中选择【直线工具】 ，在工作区中按住 Shift 键绘制一条垂线，将【填色】设置为无，将【描边】设置为 #b5b5b5，将【粗细】设置为 1 像素，效果如图 9-23 所示。

图 9-22　　　　　　　　　　　　　　　　　图 9-23

（23）根据前面的方法输入文字，对绘制的图形与文字进行复制，并将【素材 4.png】素材文件置入至文档中，效果如图 9-24 所示。

（24）在工具箱中选择【横排文字工具】 ，在工作区中输入文字。选中输入的文字，在【字符】面板中将【字体】设置为"汉标中黑体"，将【字体大小】设置为 20 点，将【字符间距】设置为 0，将【颜色】设置为 #bbbbbb，效果如图 9-25 所示。

图 9-24

图 9-25

（25）在工具箱中选择【圆角矩形工具】 □, ，在工作区中绘制一个圆角矩形，在【属性】面板中将 W、H 分别设置为 277 像素、86 像素，将【填色】设置为 #2ebdff，将【描边】设置为无，将所有的圆角半径均设置为 43 像素，并在工作区中调整其位置，效果如图 9-26 所示。

（26）在工具箱中选择【横排文字工具】 T, ，在工作区中输入文字。选中输入的文字，在【字符】面板中将【字体】设置为"Adobe 黑体 Std"，将【字体大小】设置为 30 点，将【字符间距】设置为 100，将【颜色】设置为 #ffffff，效果如图 9-27 所示。

图 9-26

图 9-27

（27）对蓝色的圆角矩形与文字进行复制，并将圆角矩形的【填色】颜色设置为 #ffb400，将文字更改为"注册"，效果如图 9-28 所示。

（28）根据前面的方法在工作区中创建文字与图形，并将【素材 5.png】素材文件置入至文档中，效果如图 9-29 所示。

图 9-28　　　　　　　　　　　　　　　　图 9-29

实例 102　移动 UI 设计 2——手机购物车界面

随着社会生活的蓬勃发展，越来越多的人选择了一种互联网购物方式——App 购物。随着互联网的迅速发展，以移动 App 购物、PC 网页、移动端网页为载体的 App 购物消费平台，给我们带来便捷的同时，也造成了我们生活习惯的改变。下面通过 Photoshop 来制作手机购物车界面，效果如图 9-30 所示。

（1）按 Ctrl+N 组合键，在弹出的对话框中，将【宽度】【高度】分别设置为 750 像素、1334 像素，将【分辨率】设置为 72 像素 / 英寸，单击【创建】按钮。在工具箱中选择【矩形工具】□，在工具选项栏中将【工具模式】设置为"形状"，绘制任意颜色的矩形，在【属性】面板中将 W 和 H 设置为 750 像素、130 像素，如图 9-31 所示。

（2）在【图层】面板中双击【矩形 1】图层，弹出【图层样式】对话框，勾选【渐变叠加】复选框，单击【渐变】右侧的渐变条，弹出【渐变编辑器】对话框，将左侧色标颜色值设置为 #eefc0f，将 60% 色标颜色值设置为 #ef3971，将右侧色标颜色值设置为 #da122e，将左侧色标【颜色中点】的【位置】设置为 33%，如图 9-32 所示。

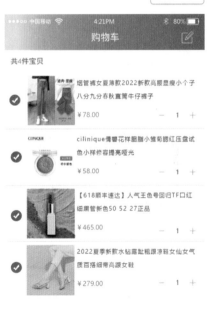

图 9-30

图 9-31   图 9-32

（3）单击【确定】按钮，返回【图层样式】对话框中，将【样式】设置为"线性"，将【角度】设置为0度，单击【确定】按钮，如图9-33所示。

（4）在菜单栏中选择【文件】|【置入嵌入对象】命令，在弹出的对话框中选择【素材\Cha09\素材6.png】素材文件，单击【置入】按钮，按Enter键完成置入，在工作区中调整其位置，如图9-34所示。

图 9-33   图 9-34

（5）使用【横排文字工具】输入文本，将【字体】设置为"黑体"，将【字体大小】设置为36点，将【字符间距】设置为0，将【颜色】设置为白色，如图9-35所示。

（6）在菜单栏中选择【文件】|【置入嵌入对象】命令，弹出【置入嵌入的对象】对话框，选择【素材\Cha09\素材7.png】素材文件，单击【置入】按钮，按Enter键完成置入，在工作区中调整其位置，效果如图9-36所示。

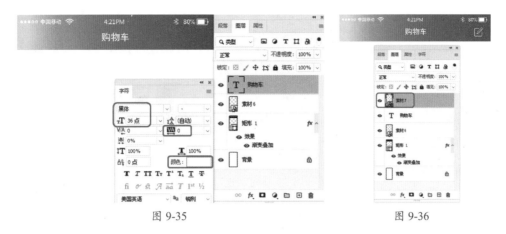

图 9-35　　　　　　　　　　　　　　　　图 9-36

（7）在工具箱中选择【矩形工具】□，在工作区中绘制一个矩形，在【属性】面板中将 W、H 分别设置为 750 像素、78 像素，将【填色】设置为 #f4f4f4，将【描边】设置为无，在工作区中调整其位置，如图 9-37 所示。

（8）在工具箱中选择【横排文字工具】T，在工作区中输入文字。在【字符】面板中将【字体】设置为"黑体"，将【字体大小】设置为 27 点，将"4"的文字颜色设置为 #ff5172，将其他文字的颜色设置为 #4c4c4c，如图 9-38 所示。

图 9-37

图 9-38

（9）根据前面的方法将【素材 8.jpg】素材文件置入文档中，在工具箱中选择【横排文字工具】T，在工作区中绘制一个文本框并输入文字。在【字符】面板中，将【字体】设置为"微软雅黑"，将【字体大小】设置为 22 点，将【行距】设置为 48 点，将【字符间距】设置为 100，将【颜色】设置为 #4c4c4c。在【段落】面板中，单击【左对齐文本】按钮■，如图 9-39 所示。

（10）再次使用【横排文字工具】T在工作区中输入文字，在【字符】面板中将【字体】设置为"微软雅黑"，将【字体大小】设置为 24 点，将【字符间距】设置为 0，将【颜色】设置为 #ff4e6c，如图 9-40 所示。

图 9-39   图 9-40

（11）在工具箱中选择【矩形工具】□，在工作区中绘制一个矩形，在【属性】面板中将【填色】设置为无，将【描边】的颜色值设置为 # f4f4f4，将【描边宽度】设置为 2 像素，将 W、H 分别设置为 164 像素、47 像素，如图 9-41 所示。

（12）在工具箱中选择【直线工具】／，在工具选项栏中将【填充】设置为无，将【描边】设置为#f4f4f4，将【描边宽度】设置为 1.5 像素，在工作区中绘制两条垂线，效果如图 9-42 所示。

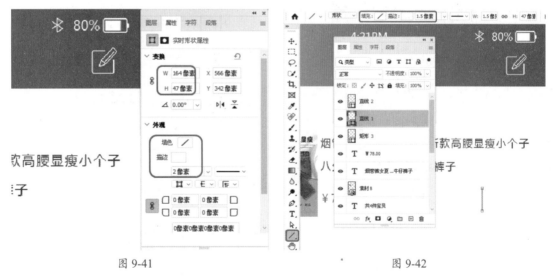

图 9-41   图 9-42

（13）在工具箱中选择【横排文字工具】，在工作区中输入文字。选中输入的文字，在【字符】面板中将【字体】设置为"黑体"，将【字体大小】设置为 28 点，将【颜色】的颜色值设置为#4b4b4b，如图 9-43 所示。

（14）再次使用【横排文字工具】在工作区中输入文字。选中输入的文字，在【字符】面板中将【字体】设置为"方正隶书简体"，将【字体大小】设置为 40 点，将【字符间距】设置为 2260，将【颜色】的颜色值设置为#9f9f9f，如图 9-44 所示。

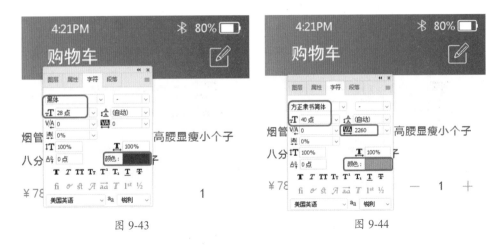

图 9-43　　　　　　　　　　　　　图 9-44

（15）在工具箱中选择【椭圆工具】，按住 Shift 键绘制正圆，在【属性】面板中将 W 和 H 均设置为 40 像素，将【填充】设置为 #2fd4c4，将【描边】设置为无，如图 9-45 所示。

（16）将【素材 13.png】素材文件置入至文档中，并调整其位置，如图 9-46 所示。

图 9-45　　　　　　　　　　　　　图 9-46

（17）复制三次制作的内容，并调整其位置，效果如图 9-47 所示。

（18）对复制的内容进行修改，将【素材 9.jpg】【素材 10.jpg】【素材 11.jpg】素材文件置入至文档中，并调整其位置，效果如图 9-48 所示。

（19）在工具箱中选择【直线工具】，在工具选项栏中将【填充】设置为无，将【描边】的颜色值设置为 #c8c8c8，将【粗细】设置为 1 像素，在工作区中按住 Shift 键绘制一条水平直线，效果如图 9-49 所示。

（20）在【图层】面板中选中【直线 3】图层，按两次 Ctrl+J 组合键对其进行复制，并在工作区中调整其位置，效果如图 9-50 所示。

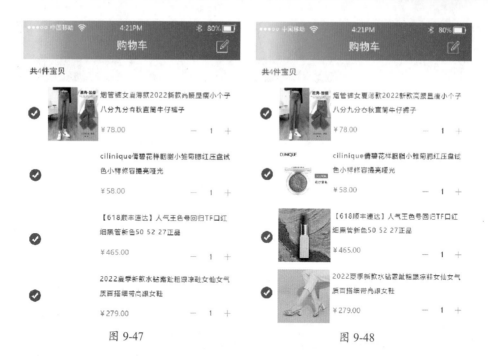

图 9-47　　　　　　　　　　　　　　　图 9-48

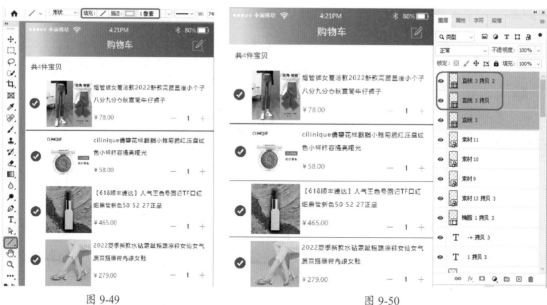

图 9-49　　　　　　　　　　　　　　　图 9-50

（21）根据前面的方法制作其他内容，效果如图 9-51 所示。

（22）根据前面的方法将【素材 12.png】素材文件置入至文档中，并调整其位置，效果如图 9-52 所示。

图 9-51   图 9-52

实例 103   移动 UI 设计 3——手机个人主页

设计师在制作个人主页界面时，界面需要简洁，看上去一目了然。如果界面上充斥着太多的东西，会让用户在查找内容的时候比较困难和乏味，而简洁的画面就能很好地解决这个问题，个人主页界面效果如图 9-53 所示。

图 9-53

（1）按 Ctrl+N 组合键，在弹出的对话框中，将【宽度】【高度】分别设置为 750 像素、1334 像素，将【分辨率】设置为 72 像素 / 英寸，将【背景内容】设置为 "自定义"，将【颜色】设置为 #f2f2f2，单击【创建】按钮。在工具箱中选择【矩形工具】，在工具选项栏中将【工具模式】设置为"形状"，在工作区中绘制一个矩形。在【属性】面板中，将 W 和 H 设置为 750 像素、128 像素，将【填色】的颜色值设置为 #ff0000，将【描边】设置为无，如图 9-54 所示。

（2）再使用【矩形工具】▭.在工作区中绘制一个矩形。在【属性】面板中，将 W、H 分别设置为 750 像素、40 像素，将【填色】的颜色值设置为 # 000000，将【描边】设置为无。在【图层】面板中，将【矩形 2】的【不透明度】设置为 85%，如图 9-55 所示。

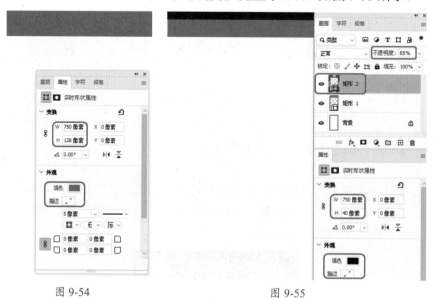

图 9-54　　　　　　　　　　　　　　图 9-55

（3）在菜单栏中选择【文件】|【置入嵌入对象】命令，在弹出的对话框中选择【素材 \ Cha09\ 素材 14.png】素材文件，单击【置入】按钮，按 Enter 键完成置入，并在工作区中调整其位置，效果如图 9-56 所示。

（4）在工具箱中选择【横排文字工具】，在工作区中输入文字。选中输入的文字，在【字符】面板中将【字体】设置为"微软雅黑"，将【字体大小】设置为 28 点，将【字符间距】设置为 60，将【颜色】设置为白色，如图 9-57 所示。

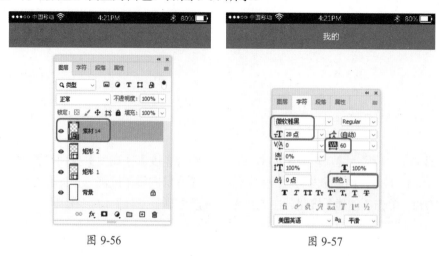

图 9-56　　　　　　　　　　　　　　图 9-57

（5）在工具箱中选择【椭圆工具】，在工具选项栏中将【填充】设置为无，将【描边】设置为白色，将【描边宽度】设置为 2 点，在工作区中按住 Shift 键绘制一个正圆，将 W、H 均设置为 36 像素，如图 9-58 所示。

（6）继续选择【椭圆工具】，在工具选项栏中将【路径操作】设置为"减去顶层形状"，在工作区中按住 Shift 键绘制多个 W、H 为 12 像素的圆形，效果如图 9-59 所示。

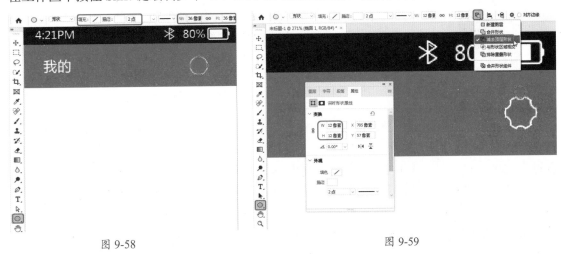

图 9-58　　　　　　　　　　　　　　　　　　图 9-59

（7）再次选择【椭圆工具】，在工具选项栏中将【路径操作】设置为"新建图层"，在工作区中按住 Shift 键绘制一个圆形，在【属性】面板中将 W、H 均设置为 13 像素，如图 9-60 所示。

（8）在工具箱中选择【矩形工具】，在工作区中绘制一个矩形，在【属性】面板中将 W、H 分别设置为 750 像素、347 像素，随意填充一种颜色，将【描边】设置为无，如图 9-61 所示。

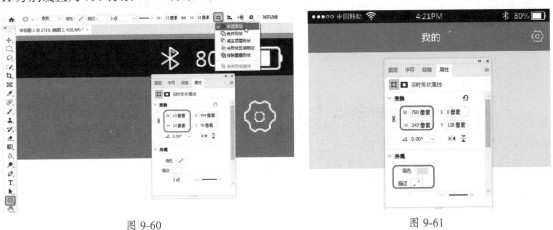

图 9-60　　　　　　　　　　　　　　　　　　图 9-61

（9）在菜单栏中选择【文件】|【置入嵌入对象】命令，在弹出的对话框中选择【素材 \ Cha09\ 素材 15.jpg】素材文件，单击【置入】按钮，按 Enter 键完成置入，并在工作区中调整其位置与大小，效果如图 9-62 所示。

（10）在【图层】面板中选择【素材 15】图层，右击鼠标，在弹出的快捷菜单中选择【创建剪贴蒙版】命令，如图 9-63 所示。

图 9-62 图 9-63

（11）继续选中【素材 15】图层，按 Ctrl+M 组合键，在弹出的对话框中添加一个编辑点，将【输出】【输入】分别设置为 193、159；再次添加一个编辑点，将【输出】【输入】分别设置为 139、116，单击【确定】按钮，如图 9-64 所示。

（12）在菜单栏中选择【滤镜】|【模糊】|【高斯模糊】命令，在弹出的对话框中将【半径】设置为 9.7 像素，单击【确定】按钮，如图 9-65 所示。

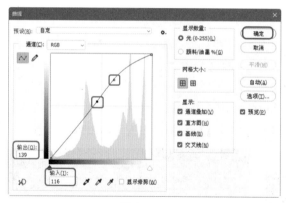 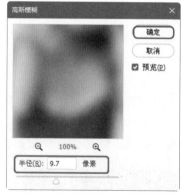

图 9-64 图 9-65

（13）在工具箱中选择【椭圆工具】，在工作区中按住 Shift 键绘制一个正圆，在【属性】面板中，将 W、H 均设置为 150 像素，将【填色】设置为白色，将【描边】设置为白色，将【描边宽度】设置为 2 像素，如图 9-66 所示。

（14）在【图层】面板中选择【素材 15】图层，按 Ctrl+J 组合键复制图层。将【素材 15 拷贝】图层调整至【椭圆 3】图层的上方，并在【素材 15 拷贝】图层上右击鼠标，在弹出的快捷菜单中选择【创建剪贴蒙版】命令，如图 9-67 所示。

（15）继续在【图层】面板中选择【素材 15 拷贝】图层，在工作区中调整其大小。在【素材 15 拷贝】图层下方的【高斯模糊】上右击鼠标，在弹出的快捷菜单中选择【删除智能滤镜】命令，如图 9-68 所示。

（16）在工具箱中选择【椭圆工具】，在工作区中按住 Shift 键绘制一个正圆，在【属性】面板中将 W、H 均设置为 61 像素，将【填色】的颜色值设置为 #ffa3a4，将【描边】设置为无，如图 9-69 所示。

图 9-66   图 9-67

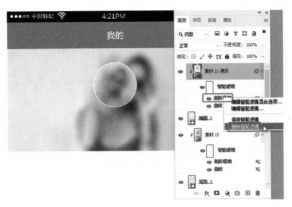   

图 9-68   图 9-69

（17）在菜单栏中选择【文件】|【置入嵌入对象】命令，在弹出的对话框中选择【素材\Cha09\素材 16.png】素材文件，单击【置入】按钮，按 Enter 键完成置入，并在工作区中调整其位置，效果如图 9-70 所示。

（18）在【图层】面板中选择【椭圆 4】图层，按 Ctrl+J 组合键复制图层。选中复制后的图层，在【属性】面板中将【填色】的颜色值设置为 #ff4c4d，如图 9-71 所示。

图 9-70   图 9-71

（19）在【图层】面板中选择【素材 16】图层，在工具箱中选择【钢笔工具】，在工具选项栏中将【填充】设置为白色，将【描边】设置为无，在工作区中绘制一个心形，如图 9-72 所示。

（20）在工具箱中选择【横排文字工具】，在工作区中输入文字。选中输入的文字，在【字符】面板中将【字体】设置为"微软雅黑"，将【字体大小】设置为 28 点，将【字符间距】设置为 60，将【颜色】设置为白色，效果如图 9-73 所示。

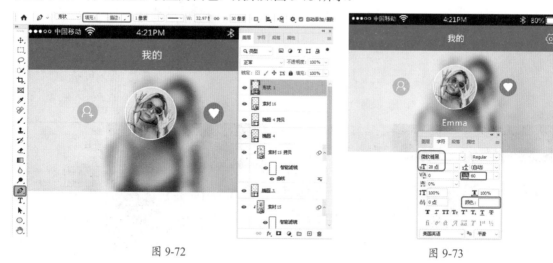

图 9-72　　　　　　　　　　　　　　　　　　图 9-73

（21）再次使用【横排文字工具】在工作区中输入文字。选中输入的文字，在【字符】面板中将【字符间距】设置为 0，效果如图 9-74 所示。

（22）在工具箱中选择【矩形工具】，在工作区中绘制一个矩形，在【属性】面板中将 W、H 分别设置为 750 像素、97 像素，将【填充】设置为白色，将【描边】设置为无，如图 9-75 所示。

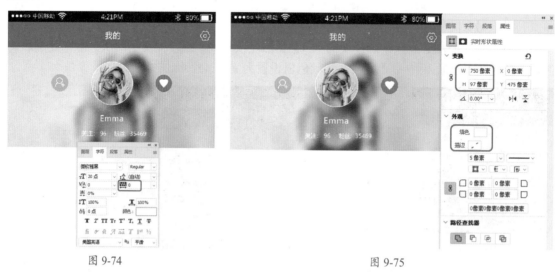

图 9-74　　　　　　　　　　　　　　　　　　图 9-75

（23）使用同样的方法在工作区中绘制两个分别为 750 像素 ×415 像素与 750 像素 × 206 像素的白色矩形，并调整其位置，效果如图 9-76 所示。

（24）在菜单栏中选择【文件】|【置入嵌入对象】命令，在弹出的对话框中选择【素材\
Cha09\ 素材 17.png】素材文件，单击【置入】按钮，按 Enter 键完成置入，并在工作区中调
整其位置，效果如图 9-77 所示。

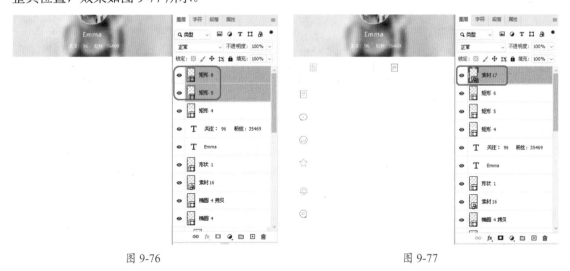

图 9-76　　　　　　　　　　　　　　　　　　　图 9-77

（25）根据前面的方法在工作区中输入相应的文字，并绘制水平直线，效果如图 9-78
所示。

（26）在菜单栏中选择【文件】|【置入嵌入对象】命令，在弹出的对话框中选择【素材\
Cha09\ 素材 18.png】素材文件，单击【置入】按钮，按 Enter 键完成置入，并在工作区中调
整其位置，效果如图 9-79 所示。

图 9-78　　　　　　　　　　　　　　　　　　　图 9-79

（27）在【图层】面板中双击【素材 18】图层，在弹出的对话框中选择【投影】选项，
将【混合模式】设置为"正片叠底"，将【阴影颜色】的颜色值设置为 #000000，将【不透
明度】设置为 40%，取消勾选【使用全局光】复选框，将【角度】设置为 163 度，将【距离】

【扩展】【大小】分别设置为 17 像素、1%、27 像素，如图 9-80 所示。

（28）设置完成后，单击【确定】按钮，即可为素材添加投影效果，效果如图 9-81 所示。

图 9-80   图 9-81

实例 104　移动 UI 设计 4——淘宝购物首页

本例将介绍如何制作淘宝购物首页，方法是通过【矩形工具】【椭圆工具】制作页面效果，再添加相应的素材文件进行美化，效果如图 9-82 所示。

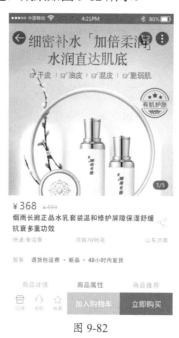

图 9-82

（1）按 Ctrl+N 组合键，在弹出的对话框中将【宽度】【高度】分别设置为 750 像素、1334 像素，将【分辨率】设置为 72 像素 / 英寸，将【背景内容】设置为"白色"，单击【创建】按钮。在工具箱中选择【矩形工具】□，在工具选项栏中将【工具模式】设置为"形状"，在工作区中绘制一个矩形，在【属性】面板中将 W 和 H 设置为 750 像素、808 像素，将【填色】的颜色值设置为 #de2330，将【描边】设置为无，如图 9-83 所示。

（2）在菜单栏中选择【文件】|【置入嵌入对象】命令，在弹出的对话框中选择【素材\Cha09\ 素材 19.jpg】素材文件，单击【置入】按钮，按 Enter 键完成置入，并在工作区中调整其位置。在【图层】面板中选择【素材 19】图层，右击鼠标，在弹出的快捷菜单中选择【创建剪贴蒙版】命令，如图 9-84 所示。

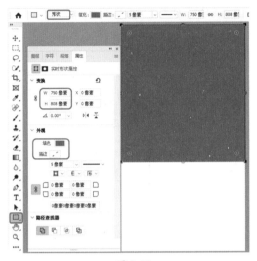
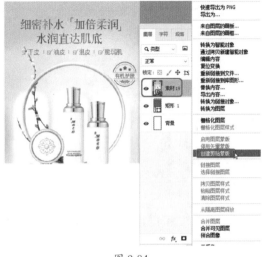

图 9-83　　　　　　　　　　　　　　　　　　图 9-84

（3）在工具箱中选择【矩形工具】□，在工作区中绘制一个矩形。在【属性】面板中，将 W 和 H 设置为 750 像素、46 像素，将【填色】的颜色值设置为 #000000，将【描边】设置为无。在【图层】面板中，选择【矩形 2】图层，将【不透明度】设置为 40%，如图 9-85 所示。

（4）在菜单栏中选择【文件】|【置入嵌入对象】命令，在弹出的对话框中选择【素材\Cha09\ 素材 20.png】素材文件，单击【置入】按钮，按 Enter 键完成置入，并在工作区中调整其位置，效果如图 9-86 所示。

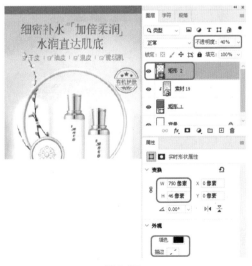
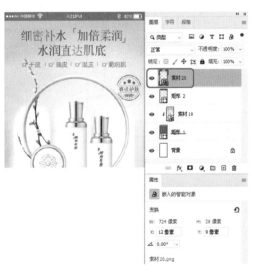

图 9-85　　　　　　　　　　　　　　　　　　图 9-86

（5）按住 Shift 键，使用【椭圆工具】○.绘制一个正圆。在【属性】面板中，将 W 和 H 均设置为 60 像素，将【填色】设置为黑色，将【描边】设置为无。在【图层】面板中，选择【椭圆 1】图层，将【不透明度】设置为 50%，如图 9-87 所示。

（6）在【图层】面板中选择【椭圆 1】图层，按两次 Ctrl+J 组合键复制图层，并在工作区中调整复制的椭圆形的位置，效果如图 9-88 所示。

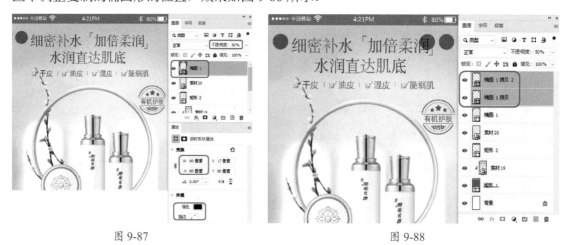

图 9-87   图 9-88

（7）根据前面的方法将【素材 21.png】【素材 22.png】素材文件置入至文档中，并调整其位置与大小。然后使用【椭圆工具】在工作区中绘制一个白色圆形，并对绘制的圆形进行复制，调整其位置，效果如图 9-89 所示。

（8）使用【圆角矩形工具】○.在工作区中绘制一个圆角矩形。在【属性】面板中，将 W 和 H 设置为 70 像素、40 像素，将【填色】设置为黑色，将【描边】设置为无，将所有的圆角半径均设置为 20 像素。在【图层】面板中，选择【圆角矩形 1】图层，将【不透明度】设置为 50%，如图 9-90 所示。

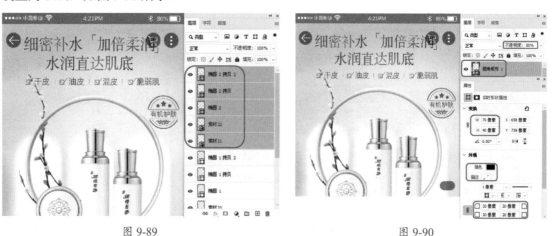

图 9-89   图 9-90

（9）在工具箱中选择【横排文字工具】T.，在工作区中输入文字。选中输入的文字，在【字符】面板中将【字体】设置为"微软雅黑"，将【字体大小】设置为 24 点，将【字符间距】

设置为 25，将【颜色】设置为白色，如图 9-91 所示。

（10）在工作区中使用【横排文字工具】输入其他文字，并进行相应的调整，效果如图 9-92 所示。

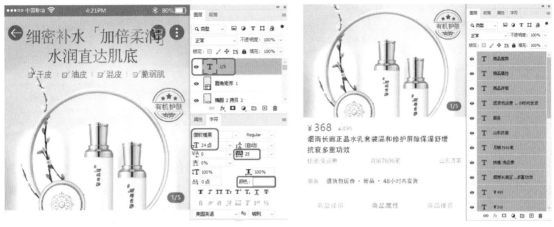

图 9-91　　　　　　　　　　　　　　　　　　图 9-92

（11）在工具箱中选择【直线工具】，将【工具模式】设置为"形状"，将【填充】设置为无，将【描边】的颜色值设置为 #c8c8c8，将【描边宽度】设置为 1 像素，在工作区中按住 Shift 键绘制一条水平直线，如图 9-93 所示。

（12）在工具箱中选择【矩形工具】，在工作区中绘制一个矩形，在【属性】面板中，将 W 和 H 分别设置为 750 像素、25 像素，将【填色】设置为 #f1f1f1，将【描边】设置为无，并调整其位置，如图 9-94 所示。

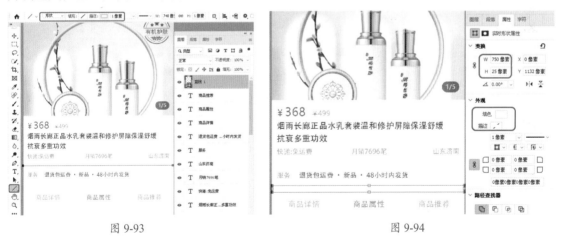

图 9-93　　　　　　　　　　　　　　　　　　图 9-94

（13）根据前面的方法将【素材 23.png】【素材 24.jpg】素材文件置入至文档中，并调整其大小与位置，效果如图 9-95 所示。

（14）在工具箱中选择【矩形工具】，在工作区中绘制一个矩形，在【属性】面板中，将 W 和 H 设置为 240 像素、100 像素，将【填色】设置为 #ffcc00，将【描边】设置为无，如图 9-96 所示。

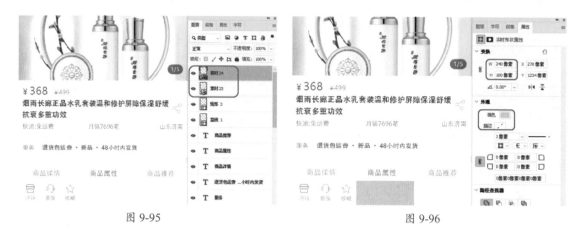

图 9-95   图 9-96

（15）在【图层】面板中选中【矩形 4】图层，按 Ctrl+J 组合键复制图层，并在【属性】面板中将复制后的对象的【填色】设置为 #ff3855，在工作区中调整其位置，效果如图 9-97 所示。

（16）根据前面的方法在新绘制的两个矩形上输入文字，效果如图 9-98 所示。

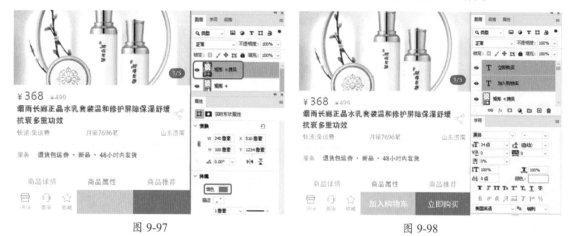

图 9-97   图 9-98

实例 105　移动 UI 设计 5——美食 App 登录页面

下面介绍美食 App 登录页面的制作过程，效果如图 9-99 所示。

（1）按 Ctrl+N 组合键，弹出【新建】对话框，将【宽度】和【高度】分别设置为 753 像素、1333 像素，将【分辨率】设置为 72 像素 / 英寸，将【颜色模式】设置为 "RGB 颜色 / 8bit"，将【背景内容】设置为白色，单击【创建】按钮，如图 9-100 所示。

（2）新建【图层 1】，在工具箱中选择【钢笔工具】　，将【工具模式】设置为 "路径"，绘制路径后，按 Ctrl+Enter 组合键将路径转换为选区，效果如图 9-101 所示。

图 9-99

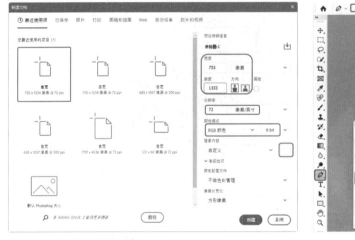

图 9-100

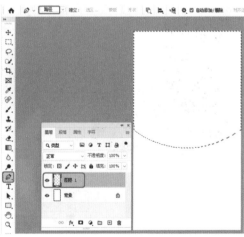

图 9-101

（3）在菜单栏中选择【编辑】|【填充】命令，弹出【填充】对话框，将【内容】设置为"黑色"，单击【确定】按钮，如图 9-102 所示。

（4）按 Ctrl+Shift+I 组合键，反选选区，将前景色设置为 #eeeeee。新建【图层 2】，按 Alt+Delete 组合键填充前景色，然后取消选区，如图 9-103 所示。

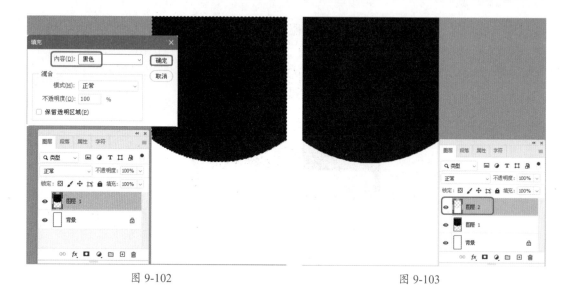

图 9-102   图 9-103

（5）置入【素材 \Cha09\ 素材 26.jpg】素材文件，调整对象大小及位置，将【素材 26】图层调整至【图层 2】的下方，如图 9-104 所示。

（6）在【图层】面板中选择【图层 1】，将其拖曳至【创建新图层】按钮 ⊡ 上复制图层。将【图层 1 拷贝】图层拖曳至【图层 2】上方，将【不透明度】设置为 40%，如图 9-105 所示。

图 9-104   图 9-105

（7）置入【素材 \Cha09\ 素材 25.png】【素材 27.png】素材文件，调整对象大小及位置，如图 9-106 所示。

（8）在工具箱中选择【圆角矩形工具】按钮，将【工具模式】设置为"形状"，将【填充】设置为白色，将【描边】设置为无，将【半径】设置为 40 像素，绘制矩形，将 W、H 均设置为 160 像素。将【圆角矩形 1】图层调整至【素材 27】图层的下方，如图 9-107 所示。

图 9-106　　　　　　　　　　　　　　　　　　图 9-107

（9）在工具箱中选择【圆角矩形工具】 □ ，将【工具模式】设置为"形状"，将【填充】设置为白色，将【描边】设置为无，将【半径】设置为 20 像素，绘制矩形，将 W、H 设置为 695 像素、390 像素，如图 9-108 所示。

（10）在工具箱中选择【椭圆工具】 ○ ，将【工具模式】设置为"形状"，将【填充】设置为无，将【描边】设置为 #9d6864，将【描边宽度】设置为 0.8，绘制正圆，将 W、H 均设置为 60 像素，如图 9-109 所示。

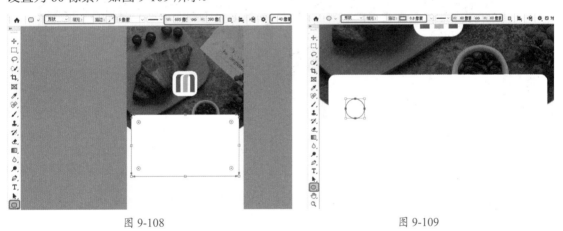

图 9-108　　　　　　　　　　　　　　　　　　图 9-109

（11）在菜单栏中选择【文件】|【置入嵌入对象】命令，在弹出的对话框中选择【素材\Cha09\素材 28.png】素材文件，单击【置入】按钮，按 Enter 键完成置入，在工作区中调整其位置，如图 9-110 所示。

（12）在工具箱中选择【横排文字工具】 T ，输入文本。在【字符】面板中，将【字体】设置为"黑体"，将【字体大小】设置为 30 点，将【字符间距】设置为 25，将【颜色】设置为 #333333，单击【仿粗体】按钮 T ，如图 9-111 所示。

（13）在工具箱中选择【直线工具】 ／ ，在工具栏选项中将【工具模式】设置为"形状"，将【填充】设置为无，将【描边】设置为 #dddddd，将【描边粗细】设置为 1 像素，绘制直线，如图 9-112 所示。

（14）置入【素材\Cha09\素材29.png】素材文件，使用同样的方法制作如图9-113所示的内容。

图 9-110　　　　　　　　　　　　　　　　　图 9-111

图 9-112　　　　　　　　　　　　　　　　　图 9-113

（15）在工具箱中选择【圆角矩形工具】，将【工具模式】设置为"形状"，将【填充】设置为黑色，将【描边】设置为无，将【半径】设置为50，绘制圆角矩形，将W、H设置为400像素、105像素，如图9-114所示。

（16）在【图层】面板中双击【圆角矩形3】图层，在打开的对话框中勾选【渐变叠加】复选框，单击【渐变】右侧的渐变条，弹出【渐变编辑器】对话框，将0%位置处的色标RGB值设置为226、126、98，将100%位置处的色标RGB值设置为223、90、84，单击【确定】按钮，如图9-115所示。

（17）返回【图层样式】对话框，将【角度】设置为-45度，如图9-116所示。

（18）勾选【阴影】复选框，将【颜色】设置为#df5a54，将【不透明度】设置为90%，将【角度】设置为90度，将【距离】【扩展】【大小】设置为5像素、0%、5像素，单击【确定】按钮，如图9-117所示。

图 9-114

图 9-115

图 9-116

图 9-117

（19）根据上述方法，制作如图 9-118 所示的内容。

图 9-118

实例 106 移动 UI 设计 6——美食 App 首页界面

下面介绍一下美食 APP 首页界面的制作过程，效果如图 9-119 所示。

（1）按 Ctrl+N 组合键，在弹出的对话框中将【宽度】【高度】分别设置为 750 像素、1334 像素，将【分辨率】设置为 72 像素 / 英寸，将【背景内容】设置为"自定义"，将【颜色】的颜色值设置为 #f2f2f2，单击【创建】按钮。在工具箱中选择【矩形工具】□.，在工具选项栏中将【工具模式】设置为"形状"，在工作区中绘制一个矩形，在【属性】面板中将 W 和 H 设置为 750 像素、144 像素，将【填色】的颜色值设置为 #da0f52，将【描边】设置为无，如图 9-120 所示。

（2）在菜单栏中选择【文件】|【置入嵌入对象】命令，在弹出的对话框中选择【素材 \Cha09\ 素材 30.png】素材文件，单击【置入】按钮，按 Enter 键完成置入，并在工作区中调整其位置，效果如图 9-121 所示。

图 9-119

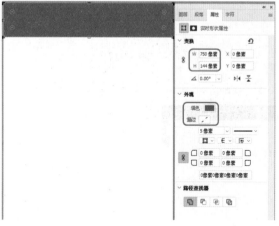

图 9-120

图 9-121

（3）使用同样的方法将【素材 31.png】素材文件置入至文档中，并调整其位置与大小。在工具箱中选择【横排文字工具】输入文字。选中输入的文字，在【字符】面板中将【字体】设置为"微软雅黑"，将【字体大小】设置为 28 点，将【字符间距】设置为 60，将【颜色】设置为白色，效果如图 9-122 所示。

（4）在工具箱中选择【圆角矩形工具】，在工作区中绘制一个圆角矩形，在【属性】面板中，将 W 和 H 设置为 556 像素、53 像素，将【填色】的颜色值设置为 #ffffff，将【描边】设置为无，将所有的圆角半径均设置为 6 像素，如图 9-123 所示。

图 9-122　　　　　　　　　　　　　　　　　　图 9-123

（5）根据前面的方法将【素材 32.png】【素材 33.png】【素材 34.jpg】素材文件置入至文档中，并调整其大小与位置，效果如图 9-124 所示。

（6）在工具箱中选择【矩形工具】，在工作区中绘制一个矩形，在【属性】面板中将 W、H 分别设置为 750 像素、229 像素，将【填色】设置为白色，并调整其位置，效果如图 9-125 所示。

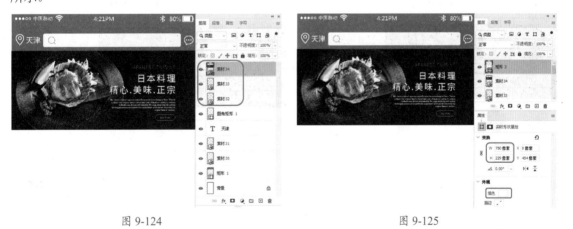

图 9-124　　　　　　　　　　　　　　　　　　图 9-125

（7）在工具箱中选择【椭圆工具】，在工作区中按住 Shift 键绘制一个正圆。在工具选项栏中，单击【填充】右侧的按钮，在弹出的下拉列表中单击【渐变】按钮，然后单击渐变条，将左侧色标的颜色值设置为 #f3ad17，将右侧色标的颜色值设置为 #ff9b26，如图 9-126 所示。

（8）在【属性】面板中将 W、H 均设置为 108 像素，并在工作区中调整其位置，效果如图 9-127 所示。

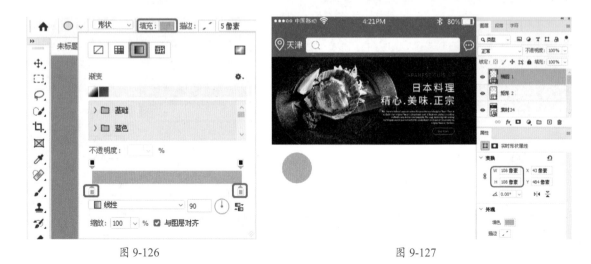

图 9-126   图 9-127

（9）在【图层】面板中选择【椭圆 1】图层，将其拖曳至【创建新图层】按钮上三次，调整复制的圆形的位置与填色，效果如图 9-128 所示。

（10）使用同样的方法将【素材 35.png】素材文件置入至文档中，并调整其位置与大小。在工具箱中选择【横排文字工具】，输入文字。选中输入的文字，在【字符】面板中将【字体】设置为"汉标中黑体"，将【字体大小】设置为 30 点，将【字符间距】设置为 0，将【颜色】的颜色值设置为 #212020，效果如图 9-129 所示。

图 9-128   图 9-129

（11）在工具箱中选择【矩形工具】，在工作区中绘制一个矩形，在【属性】面板中将 W、H 分别设置为 750 像素、548 像素，将【填色】设置为白色，并调整其位置，效果如图 9-130 所示。

（12）在工具箱中选择【圆角矩形工具】，在工作区中绘制一个圆角矩形。在工具选项栏中单击【填充】右侧的按钮，在弹出的下拉列表中单击【渐变】按钮 ▦，然后单击渐变条，将左侧色标的颜色值设置为 #ff5968，将右侧色标的颜色值设置为 #fd6c8a，如图 9-131 所示。

图 9-130　　　　　　　　　　　　　　　　　图 9-131

（13）在【属性】面板中将 W、H 分别设置为 70 像素、10 像素，将所有的圆角半径均设置为 4.5 像素，效果如图 9-132 所示。

（14）在工具箱中选择【横排文字工具】，在工作区中输入文字。选中输入的文字，在【字符】面板中将【字体】设置为"汉标中黑体"，将【字体大小】设置为 36 点，将【字符间距】设置为 -25，将【颜色】的颜色值设置为 #333030，单击【仿粗体】按钮 **T**，效果如图 9-133 所示。

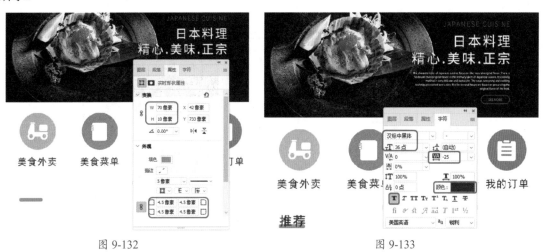

图 9-132　　　　　　　　　　　　　　　　　图 9-133

（15）使用【横排文字工具】在工作区中输入其他文字，并进行相应的设置，效果如图 9-134 所示。

（16）在工具箱中选择【圆角矩形工具】，在工作区中绘制一个圆角矩形，在【属性】面板中将 W、H 分别设置为 330 像素、372 像素，将【填色】设置为白色，将所有的圆角半径均设置为 10 像素，效果如图 9-135 所示。

图 9-134   图 9-135

（17）在【图层】面板中双击【圆角矩形 3】图层，在弹出的对话框中选择【投影】选项，将【混合模式】设置为"正片叠底"，将【阴影颜色】设置为 #040000，将【不透明度】设置为 17%，取消勾选【使用全局光】复选框，将【角度】设置为 90 度，将【距离】【扩展】【大小】分别设置为 6 像素、0%、27 像素，单击【确定】按钮，如图 9-136 所示。

（18）在工具箱中选择【圆角矩形工具】，在工作区中绘制一个圆角矩形。在【属性】面板中，将 W、H 分别设置为 330 像素、247 像素，为其填充任意一种颜色；取消角半径的链接，将【左上角半径】【右上角半径】【左下角半径】【右下角半径】分别设置为 8、8、0、0，如图 9-137 所示。

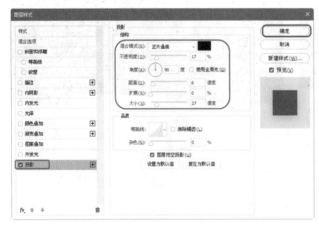

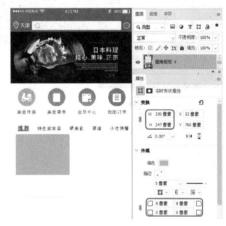

图 9-136   图 9-137

（19）在菜单栏中选择【文件】|【置入嵌入对象】命令，在弹出的对话框中选择【素材 \ Cha09\ 素材 36.jpg】素材文件，单击【置入】按钮，按 Enter 键完成置入，并在工作区中调整其位置。在【图层】面板中选择【素材 36】图层，右击鼠标，在弹出的快捷菜单中选择【创建剪贴蒙版】命令，效果如图 9-138 所示。

（20）根据前面的方法输入其他文字，将【素材 37.png】【素材 38.png】【素材 39.png】素材文件置入至文档中，并调整其大小与位置，效果如图 9-139 所示。

图 9-138　　　　　　　　　　　　　　　　　　图 9-139

（21）将制作完成后的内容进行复制，并对素材与文字进行修改，效果如图 9-140
所示。

（22）使用同样的方法对如图 9-141 所示的对象进行复制。

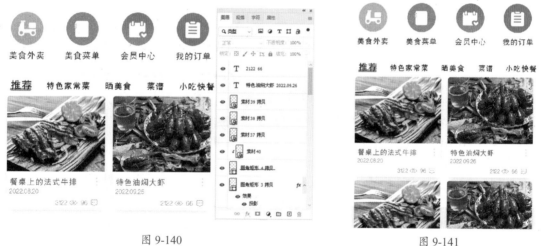

图 9-140　　　　　　　　　　　　　　　　　　图 9-141

（23）在【图层】面板中选择最上方的图层，在工具箱中选择【矩形工具】，在工作区
中绘制一个矩形，在【属性】面板中将 W、H 分别设置为 750 像素、90 像素，将【填色】设
置为白色，并在工作区中调整其位置，效果如图 9-142 所示。

（24）在【图层】面板中双击【矩形 4】图层，在弹出的对话框中选择【投影】选项，
将【混合模式】设置为"正片叠底"，将【阴影颜色】设置为 #000000，将【不透明度】设
置为 50%，取消勾选【使用全局光】复选框，将【角度】设置为 90 度，将【距离】【扩展】【大
小】分别设置为 2 像素、0%、10 像素，单击【确定】按钮。根据前面的方法将【素材
41.jpg】素材文件置入至文档中，效果如图 9-143 所示。

图 9-142   图 9-143

◆◆◆◆◆◆ 实例 107 移动 UI 设计 7——旅游 App 首页界面

　　UI 不仅可以让软件变得有个性、有品位、还能让软件的操作变得舒适、简单、自由，充分体现软件的定位和特点。本例将通过【圆角矩形工具】【椭圆工具】【横排文字工具】来制作旅游 App 首页界面，效果如图 9-144 所示。

　　（1）按 Ctrl+N 组合键，在弹出的对话框中将【宽度】【高度】分别设置为 750 像素、1334 像素，将【分辨率】设置为 72 像素 / 英寸，将【背景内容】设置为"自定义"，将【颜色】的颜色值设置为 #eeeeee，单击【创建】按钮。在菜单栏中选择【文件】|【置入嵌入对象】命令，在弹出的对话框中选择【素材 \Cha09\ 素材 42.jpg】素材文件，单击【置入】按钮，按 Enter 键完成置入，并在工作区中调整其位置，如图 9-145 所示。

　　（2）在工具箱中选择【圆角矩形工具】，在工作区中绘制一个圆角矩形。在【属性】面板中，将 W、H 分别设置为 690 像素、70 像素，将【填色】设置为白色，将【描边】设置为无，将所有的圆角半径均设置为 8 像素。在【图层】面板中，选择【圆角矩形 1】图层，将【不透明度】设置为 30%，效果如图 9-146 所示。

图 9-144

图 9-145　　　　　　　　　　　　　　　图 9-146

（3）将【素材 43.png】素材文件置入至文档中，并调整其大小与位置，效果如图 9-147
所示。

（4）在工具箱中选择【横排文字工具】，在工作区中输入文字。选中输入的文字，在【字
符】面板中将【字体】设置为"汉标中黑体"，将【字体大小】设置为 30 点，将【字符间距】
设置为 -100，将【颜色】设置为白色，效果如图 9-148 所示。

图 9-147　　　　　　　　　　　　　　　图 9-148

（5）使用【横排文字工具】在工作区中输入文字。选中输入的文字，在【字符】面板中将【字
体】设置为"汉标中黑体"，将【字体大小】设置为 52 点，将【字符间距】设置为 -100，将【颜
色】设置为白色，单击【仿粗体】按钮，效果如图 9-149 所示。

（6）使用同样的方法在工作区中输入其他文字，并将【素材 44.png】素材文件置入至文
档中，效果如图 9-150 所示。

（7）在工具箱中选择【矩形工具】，在工作区中绘制一个矩形，在【属性】面板中将 W、

H 分别设置为 750 像素、328 像素，将【填色】设置为白色，将【描边】设置为无，效果如图 9-151 所示。

（8）在工具箱中选择【椭圆工具】，在工作区中按住 Shift 键绘制一个正圆，在【属性】面板中将 W、H 均设置为 90 像素，将【填色】的颜色值设置为 #fe7656，将【描边】设置为无，效果如图 9-152 所示。

图 9-149　　　　　　　　　　　　　　　　图 9-150

图 9-151　　　　　　　　　　　　　　　　图 9-152

（9）对绘制的圆形进行复制，并修改复制后的图形的颜色，效果如图 9-153 所示。

（10）在菜单栏中选择【文件】|【置入嵌入对象】命令，在弹出的对话框中选择【素材\Cha09\ 素材 45.png】素材文件，单击【置入】按钮，按 Enter 键完成置入，并在工作区中调整其位置，如图 9-154 所示。

（11）使用【横排文字工具】在工作区中输入如图 9-155 所示的文字，并进行相应的设置。

（12）根据前面的方法将【素材 46.jpg】素材文件置入至文档中，并调整其大小与位置，效果如图 9-156 所示。

图 9-153　　　　　　　　　　　　　　　　　　　　图 9-154

图 9-155　　　　　　　　　　　　　　　　　　　　图 9-156

（13）在工具箱中选择【矩形工具】，在工作区中绘制一个矩形，在【属性】面板中将 W、H 分别设置为 750 像素、360 像素，将【填色】设置为白色，将【描边】设置为无，效果如图 9-157 所示。

（14）使用【横排文字工具】在工作区中输入文字。选中输入的文字，在【字符】面板中将【字体】设置为"汉标中黑体"，将【字体大小】设置为 36 点，将【字符间距】设置为 -100，将【垂直缩放】设置为 90%，单击【仿粗体】按钮 **T**，单击【仿斜体】按钮 *T*，将"热门"的颜色设置为 #fdbd2e，将"路线"的颜色设置为 #121212，效果如图 9-158 所示。

（15）使用同样的方法在工作区中输入其他文字，并进行相应的设置，效果如图 9-159 所示。

（16）在工具箱中选择【圆角矩形工具】，在工作区中绘制一个圆角矩形，在【属性】面板中将 W、H 分别设置为 70 像素、32 像素，将【填色】设置为无，将【描边】的颜色值设置为 #fd7a7f，将【描边宽度】设置为 2 像素，将所有的圆角半径均设置为 15.5 像素，效果如图 9-160 所示。

图 9-157   图 9-158

图 9-159   图 9-160

　　（17）在工具箱中选择【直线工具】，在工具选项栏中将【填充】设置为无，将【描边】的颜色值设置为#f5f5f5，将【粗细】设置为 2 像素，在工作区中按住 Shift 键绘制一条水平直线，效果如图 9-161 所示。

　　（18）在工具箱中选择【圆角矩形工具】，在工作区中绘制一个圆角矩形，在【属性】面板中将 W、H 分别设置为 162 像素、57 像素，将【填色】设置为#00b7ee，将【描边】设置为无，将所有的圆角半径均设置为 5 像素，效果如图 9-162 所示。

图 9-161   图 9-162

（19）使用【横排文字工具】在工作区中输入文字。选中输入的文字，在【字符】面板中将【字体】设置为"汉标中黑体"，将【字体大小】设置为 28 点，将【字符间距】设置为 0，将【垂直缩放】设置为 85%，将【颜色】设置为白色，并取消选中【仿斜体】按钮 *I*，效果如图 9-163 所示。

（20）使用同样的方法对新绘制的圆角矩形与新输入的文字进行复制，并对复制后的对象进行修改，效果如图 9-164 所示

图 9-163　　　　　　　　　　　　　　　　　图 9-164

（21）在工具箱中选择【圆角矩形工具】，在工作区中绘制一个圆角矩形，在【属性】面板中将 W、H 分别设置为 292 像素、179 像素，将【填色】设置为黑色，将【描边】设置为无，取消角半径的链接，将【左上角半径】【右上角半径】【左下角半径】【右下角半径】分别设置为 10 像素、10 像素、0 像素、0 像素，如图 9-165 所示。

（22）在菜单栏中选择【文件】|【置入嵌入对象】命令，在弹出的对话框中选择【素材\Cha09\ 素材 47.jpg】素材文件，单击【置入】按钮，按 Enter 键完成置入，并在工作区中调整其位置。在【图层】面板中选择【素材 47】图层，右击鼠标，在弹出的快捷菜单中选择【创建剪贴蒙版】命令，效果如图 9-166 所示。

图 9-165　　　　　　　　　　　　　　　　　图 9-166

（23）在【图层】面板中选择【素材 47】图层，将【不透明度】设置为 75%，并根据前面的方法在工作区中输入文字，效果如图 9-167 所示。

（24）在工作区中对新绘制的圆角矩形与文字进行复制，并修改文字。将【素材 48.jpg】【素材 49.jpg】素材文件置入至文档中，并为其创建剪贴蒙版，效果如图 9-168 所示。

图 9-167　　　　　　　　　　　　　　　　　　　　图 9-168

（25）在工作区的底部创建一个 750 像素 ×100 像素的白色矩形，并在【图层】面板中双击该图形的图层，在弹出的对话框中将【混合模式】设置为"正常"，将【阴影颜色】设置为 #000000，将【不透明度】设置为 8%，取消勾选【使用全局光】复选框，将【角度】设置为 -90 度，将【距离】【扩展】【大小】分别设置为 8 像素、0%、8 像素，单击【确定】按钮，如图 9-169 所示。

（26）根据前面的方法将【素材 50.png】素材文件置入至文档中，效果如图 9-170 所示。

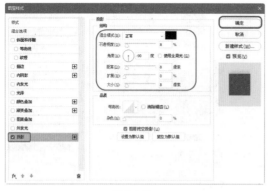

图 9-169　　　　　　　　　　　　　　　　　　　　图 9-170

Chapter 10

网站宣传广告设计

本章导读：

　　网站宣传广告往往是利用图片、文字等元素进行画面构成的，并且通过视觉元素传达信息，将真实的图片展现在人们面前，让观赏者一目了然，使信息传递得更为准确，给人一种真实、直观、形象的感觉，使信息具有令人信服的说服力。本章将介绍如何制作网站宣传广告。

实例 108　广告设计 1——护肤品网站宣传广告

　　护肤品已成为每个女性必备的用品，成功的化妆能唤起女性心理和生理上的活力，增强自信心。随着消费者自我意识的日渐提升，护肤品市场迅速扩展；随着网络时代的飞速发展，不少商家都选择在网站中进行广告宣传，如图 10-1 所示。

图 10-1

　　（1）启动软件，按 Ctrl+O 组合键，打开【素材 \Cha10\ 护肤品素材 01.jpg】素材文件，如图 10-2 所示。

图 10-2

　　（2）在工具箱中选择【矩形工具】 □，在工作区中绘制一个矩形，在【属性】面板中将 W、H 分别设置为 885 像素、400 像素，将【旋转】设置为 -3.55°，将【填色】设置为白色，将【描边】设置为无，如图 10-3 所示。

图 10-3

　　（3）按 Ctrl+O 组合键，在弹出的对话框中选择【素材 \Cha10\ 护肤品素材 02.png】素材文件，单击【打开】按钮。在工具箱中选择【移动工具】 ⊕，将素材拖曳至新建的文档中，并调整其位置及大小，效果如图 10-4 所示。

　　（4）在【图层】面板中双击【图层 1】，在弹出的对话框中选择【投影】选项，将【混合模式】设置为"正片叠底"，将【阴影颜色】设置为 #53a4c2，将【不透明度】设置为

45%，勾选【使用全局光】复选框，将【角度】设置为 120 度，将【距离】【扩展】【大小】分别设置为 45 像素、4%、5 像素，如图 10-5 所示。

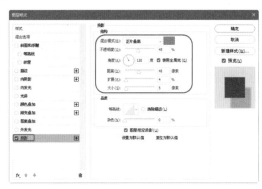

图 10-4　　　　　　　　　　　　　　　　　　图 10-5

（5）设置完成后，单击【确定】按钮，添加投影后的效果如图 10-6 所示。

（6）使用相同的方法将【护肤品素材 03.png】素材文件添加至文档中，在【图层】面板中选择【图层 1】，单击鼠标右键，在弹出的快捷菜单中选择【拷贝图层样式】命令，如图 10-7 所示。

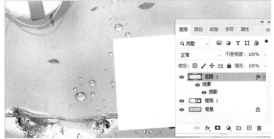

图 10-6　　　　　　　　　　　　　　　　　　图 10-7

（7）在【图层】面板中选择【图层 2】，单击鼠标右键，在弹出的快捷菜单中选择【粘贴图层样式】命令，如图 10-8 所示。

（8）根据前面的方法将【护肤品素材 04.png】素材文件添加至文档中，并调整其位置，效果如图 10-9 所示。

图 10-8　　　　　　　　　　　　　　　　　　图 10-9

（9）在工具箱中选择【横排文字工具】 $T.$ ，在工作区中输入文字。选中输入的文字，在【字符】面板中将【字体】设置为"微软雅黑"，将【字体样式】设置为"Bold"，将【字体大小】设置为 55 点，将除"300""50"外的文字颜色设置为 #ffffff，将"300""50"的文字颜色设置为 # ffff6d，如图 10-10 所示。

（10）在【图层】面板中双击文字图层，在弹出的对话框中选择【投影】选项，将【阴影颜色】设置为 #004fd2，将【不透明度】设置为 59%，取消勾选【使用全局光】复选框，将【角度】设置为 110 度，将【距离】【扩展】【大小】分别设置 6 像素、0%、8 像素，单击【确定】按钮，如图 10-11 所示。

图 10-10　　　　　　　　　　　　　　　　　　图 10-11

（11）调整文字的位置，将【护肤品素材 05.png】【护肤品素材 06.png】素材文件添加至文档中，如图 10-12 所示。

（12）在【图层】面板中双击【图层 5】，在弹出的对话框中选择【投影】选项，将【阴影颜色】设置为 #004fd2，将【不透明度】设置为 59%，将【角度】设置为 110 度，将【距离】【扩展】【大小】分别设置为 10 像素、0%、24 像素，单击【确定】按钮，如图 10-13 所示。

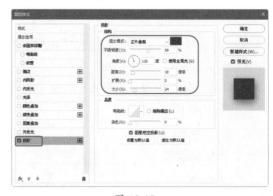

图 10-12　　　　　　　　　　　　　　　　　　图 10-13

（13）选中【图层 5】，调整位置，在工具箱中选择【魔棒工具】 ，在工作区中单击如图 10-14 所示的位置，将其载入选区。将前景色设置为 # ffde00，按 Alt+Delete 组合键填充前景色。

（14）按 Ctrl+D 组合键取消选区，在工具箱中选择【橡皮擦工具】 ，在工作区中将"划"字中的点擦除，效果如图 10-15 所示。

图 10-14   图 10-15

（15）继续选中【图层 5】，在工具箱中选择【钢笔工具】，在工具选项栏中将【工具模式】设置为"路径"，在工作区中绘制如图 10-16 所示的图形。

（16）在工具箱中将前景色设置为#24afb1，按 Alt+Delete 组合键填充前景色，效果如图 10-17 所示。

图 10-16   图 10-17

（17）按 Ctrl+D 组合键取消选区，使用【橡皮擦工具】擦除白色多余部分。在工具箱中选择【钢笔工具】，在工作区中绘制如图 10-18 所示的路径。

（18）在【图层】面板中单击【创建新图层】按钮，在工具箱中选择【渐变工具】，在工具选项栏中单击渐变条，在弹出的对话框中将左侧色标的颜色值设置为#ff2b60；在位置33%处添加一个色标，将其颜色值设置为#ff3f3f；将右侧色标的颜色值设置为#ff5252，单击【确定】按钮，如图 10-19 所示。

图 10-18   图 10-19

（19）在工具选项栏中单击【线性渐变】按钮▣，按 Ctrl+Enter 组合键将路径载入选区，在选区的左侧边向右侧边水平拖曳，释放鼠标即可填充渐变颜色，效果如图 10-20 所示。

（20）按 Ctrl+D 组合键取消选区，根据前面的方法绘制其他图形并输入文字。将【护肤品素材 07.png】素材文件添加至文档中，并添加【投影】图层样式，效果如图 10-21 所示。

图 10-20　　　　　　　　　　　　　　　图 10-21

（21）选择图 10-22 的图层，按 Ctrl+T 组合键，适当旋转角度后按 Enter 键确认。

图 10-22

实例 109　广告设计 2——服装网站宣传广告

随着信息技术的发展，越来越多的企业建立起了自己的网站，服装行业当然也不例外，不少服装品牌都建立了属于自己的品牌网站，以适应时代的步伐，提升品牌的知名度，并帮助企业实现盈利。下面将介绍如何制作服装网站宣传广告，效果如图 10-23 所示。

图 10-23

244

（1）按 Ctrl+O 组合键，打开【素材 \Cha09\ 服装网站素材 01.jpg】素材文件，如图 10-24 所示。

（2）在工具箱中选择【钢笔工具】按钮 ◆.，在工具选项栏中将【工具模式】设置为"形状"，绘制如图 10-25 所示的图形，将【填充】设置为 #a2dcf2，将【描边】设置为无。

图 10-24　　　　　　　　　　　　　　　　　　图 10-25

（3）使用【钢笔工具】绘制如图 10-26 所示的图形，将【填充】设置为白色，【描边】设置为无。

（4）双击【形状 2】图层，弹出【图层样式】对话框，勾选【投影】选项，将【混合模式】设置为"正片叠底"，将【颜色】设置为 #0458a4，将【不透明度】设置为 35%，将【角度】设置为 90 度，将【距离】【扩展】【大小】分别设置为 7 像素、33%、16 像素，单击【确定】按钮，如图 10-27 所示。

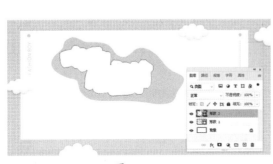

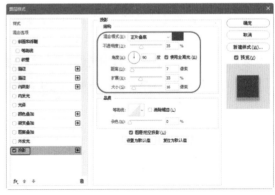

图 10-26　　　　　　　　　　　　　　　　　　图 10-27

（5）在工具箱中选择【横排文字工具】按钮 T.，输入文本"时尚"，将【字体】设置为"汉仪太极体简"，将【字体大小】设置为 125 点，将"潮"的颜色值设置为 #fd8d22，将"流"的颜色值设置为 #f7c111，将【字符间距】设置为 0，效果如图 10-28 所示。

（6）继续使用【横排文字工具】输入文本，将【字体】设置为"汉仪太极体简"，将【字体大小】设置为 130 点，将【字符间距】设置为 0，将【颜色】设置为 #448aca，如图 10-29 所示。

（7）置入【服装网站素材 02.png】素材文件，适当调整对象的位置，如图 10-30 所示。

（8）使用【横排文字工具】输入文本，将【字体】设置为"Adobe 黑体 Std"，将【字体大小】设置为 32 点，将【字符间距】设置为 -25，将【颜色】设置为 #448aca，单击【全部大写字母】按钮 TT。在【属性】面板中，将【旋转】设置为 19.2°，如图 10-31 所示。

图 10-28

图 10-30

图 10-31

（9）置入【服装网站素材 03.png】素材文件，适当调整对象的位置及角度，如图 10-32 所示。

（10）双击该图层，弹出【图层样式】对话框，勾选【描边】复选框，将【大小】设置为 3 像素，将【位置】设置为"外部"，将【颜色】设置为白色，单击【确定】按钮，如图 10-33 所示。

图 10-32

图 10-33

（11）使用【钢笔工具】绘制五角星，将【填充】设置为 #fd8d22，将【描边】设置为无，将图层名称重命名为"星星"，如图 10-34 所示。

（12）将【星星】图层进行复制。双击复制后的图层，勾选【描边】复选框，将【大小】

设置为7像素，将【位置】设置为"外部"，将【颜色】设置为白色，单击【确定】按钮，如图10-35所示。

图 10-34

图 10-35

（13）调整对象的大小及位置，并使用同样的方法制作其他的星星对象。在【图层】面板中单击【创建新组】按钮 □，将其重命名为"星星组"。将所有绘制的星星对象拖曳至该组中，如图10-36所示。

（14）置入【服装网站素材04.png】素材文件，调整对象的大小及位置，如图10-37所示。

图 10-36

图 10-37

（15）双击该图层，弹出【图层样式】对话框，勾选【投影】选项，将【混合模式】设置为"正片叠底"，将【颜色】设置为黑色，将【不透明度】设置为27%，将【角度】设置为90度，将【距离】【扩展】【大小】分别设置为9像素、0%、24像素，单击【确定】按钮，如图10-38所示。

（16）置入【服装网站素材05.png】素材文件，调整对象的位置，如图10-39所示。

（17）将置入的素材文件复制一层，将名称重命名为"人物阴影"。双击该图层，弹出【图层样式】对话框，勾选【颜色叠加】复选框，将【颜色】设置为#1b2e42，将【不透明度】设置为40%，单击【确定】按钮，如图10-40所示。

（18）在菜单栏中选择【滤镜】|【模糊】|【高斯模糊】命令，弹出【高斯模糊】对话框，将【半径】设置为5像素，单击【确定】按钮，如图10-41所示。

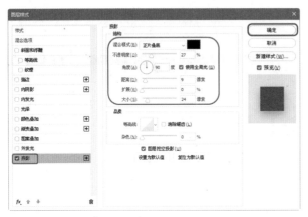

图 10-38

图 10-39

图 10-40

图 10-41

（19）将【人物阴影】图层调整至【服装网站素材05】图层的下方。在工具箱中选择【圆角矩形工具】，绘制 W、H 为 440 像素、78 像素的矩形，将【填色】设置为 #a2dcf2，将【描边】设置为无，将【右上角半径】【左下角半径】设置为 0 像素，将【左上角半径】【右下角半径】设置为 50 像素，如图 10-42 所示。

（20）在工具箱中选择【横排文字工具】，输入文本。将【字符】面板中的【字体】设置为"方正大黑简体"，将【字体大小】设置为 40 点，将【字符间距】设置为 -10，将【颜色】设置为白色，如图 10-43 所示。

（21）在工具箱中选择【圆角矩形工具】，绘制 W、H 为 547 像素、50 像素的矩形，将【填色】设置为无，将【描边】设置为 #448aca，将【描边宽度】设置为 2 像素，将【左上角半径】【右下角半径】设置为 0 像素，将【右上角半径】【左下角半径】设置为 50 像素，如图 10-44 所示。

（22）在工具箱中选择【横排文字工具】，输入文本，将【字符】面板中的【字体】设置为"微软雅黑"，将【字体系列】设置为"Bold"，将【字体大小】设置为 25 点，将【字符间距】设置为 195，将【颜色】设置为 #448aca，如图 10-45 所示。

图 10-42

图 10-43

图 10-44

图 10-45

实例 110　广告设计 3——电脑网站宣传广告

在制作电脑网站宣传广告时，在素材图片选择及文字设计方面都要有精确的考量，两者的完美结合才能使网站呈现细腻精美的视觉效果。下面将介绍如何制作电脑网站宣传广告，效果如图 10-46 所示。

（1）启动软件，按 Ctrl+N 组合键，在弹出的对话框中将【宽度】【高度】分别设置为 1915

图 10-46

像素、899 像素，将【分辨率】设置为 96 像素 / 英寸，将【颜色模式】设置为"RGB 颜色"，单击【创建】按钮，如图 10-47 所示。

（2）在工具箱中选择【矩形工具】 □ ，在工作区中绘制一个矩形，在【属性】面板中将 W、H 分别设置为 1915 像素、899 像素，将 X、Y 都设置为 0 像素，将【填色】设置为 #6bbffd，将【描边】设置为无，如图 10-48 所示。

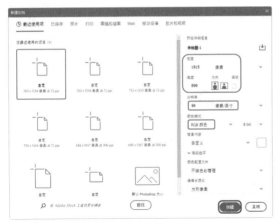
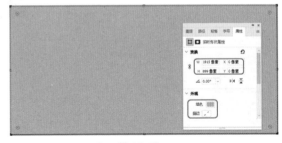

图 10-47　　　　　　　　　　　　　　　　图 10-48

（3）在【图层】面板中双击【矩形1】图层，在弹出的对话框中选择【渐变叠加】选项，将【混合模式】设置为"正常"，将【不透明度】设置为100%。单击渐变条，在弹出的对话框中，将左侧色标设置为#190145，将右侧色标设置为#540296，单击【确定】按钮，如图10-49所示。

（4）将【样式】设置为"线性"，将【角度】设置为90度，将【缩放】设置为108%，单击【确定】按钮，如图10-50所示。

（5）在菜单栏中选择【文件】|【置入嵌入对象】命令，在弹出的对话框中选择【电脑素材01.jpg】素材文件，单击【置入】按钮，在工作区中调整其大小与位置，并按Enter键完成置入，如图10-51所示。

图 10-49　　　　　　　　　　　　　　　图 10-50

（6）在【图层】面板中选择【电脑素材01】图层，单击【添加图层蒙版】按钮 ◘ 。在工具箱中选择【渐变工具】 ▓ ，在工具选项栏中将【渐变颜色】设置为"黑，白渐变"，在工作区中拖动鼠标填充图层蒙版。在【图层】面板中，将【混合模式】设置为"滤色"，效果如图10-52所示。

图 10-51　　　　　　　　　　　　　　　图 10-52

（7）在菜单栏中选择【文件】|【置入嵌入对象】命令，在弹出的对话框中选择【电脑素材02.png】素材文件，单击【置入】按钮，在工作区中调整其大小与位置，并按 Enter 键完成置入。在【图层】面板中选择【电脑素材02】图层，将【混合模式】设置为"线性减淡（添加）"，将【不透明度】设置为50%，如图10-53所示。

（8）在工具箱中选择【矩形工具】□，在工具选项栏中将【填充】设置为 #6bbffd，将【描边】设置为无，在工作区中绘制一个矩形，并对其进行旋转，效果如图10-54所示。

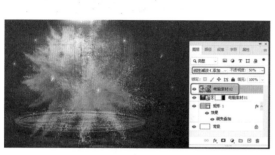
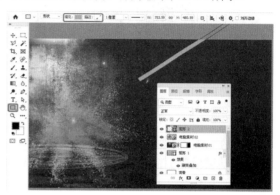

图 10-53　　　　　　　　　　　　　　　　　　图 10-54

（9）在【图层】面板中双击【矩形2】图层，在弹出的对话框中选择【渐变叠加】选项。单击渐变条，在打开的对话框中，将左侧色标的颜色值设置为 #4304b5，将【不透明度】设置为0%；在51%位置处添加一个色标，将其颜色值设置为 #4304b5，将【不透明度】设置为100%；将右侧色标的颜色值设置为 #4304b5，将【不透明度】设置为0%，单击【确定】按钮，如图10-55所示。

（10）将【样式】设置为"线性"，将【角度】设置为-90度，将【缩放】设置为100%，单击【确定】按钮，如图10-56所示。

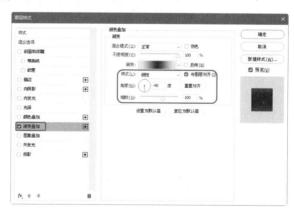

图 10-55　　　　　　　　　　　　　　　　　　图 10-56

（11）在【图层】面板中选择【矩形2】图层，将【填充】设置为0%，如图10-57所示。

（12）在工具箱中选择【移动工具】⊕，选择设置后的矩形，按住 Alt 键对其进行复制，并调整其渐变颜色及位置，效果如图10-58所示。

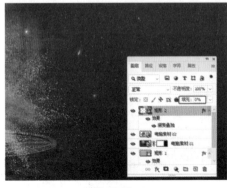

图 10-57   图 10-58

（13）将【电脑素材 03.png】素材文件置入至文档中，并在工作区中调整其位置。在【图层】面板中选择【电脑素材 03】图层，将【混合模式】设置为"点光"，如图 10-59 所示。

（14）在【图层】面板中继续选择【电脑素材 03】图层，在菜单栏中选择【滤镜】|【模糊】|【动感模糊】命令，在弹出的对话框中将【角度】【距离】分别设置为 0 度、99 像素，单击【确定】按钮，如图 10-60 所示。

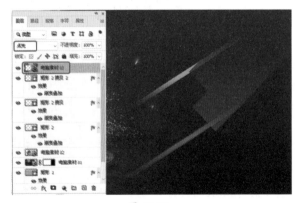

图 10-59   图 10-60

> 💡 提示：
>
> 【动感模糊】滤镜可以沿指定的方向、以指定的强度模糊图像，产生一种移动拍摄的效果。在表现对象的速度感时经常会用到该滤镜。

（15）将【电脑素材 04.png】素材文件置入至文档中，并在工作区中调整其大小与位置。在【图层】面板中选择【电脑素材 04】图层，将【混合模式】设置为"叠加"，如图 10-61 所示。

（16）将【电脑素材 05.png】素材文件置入至文档中，并在工作区中调整其大小与位置，如图 10-62 所示。

（17）在工具箱中选择【钢笔工具】 ，在工具选项栏中将【填充】设置为无，将【描边】设置为 #ffffff，将【描边宽度】设置为 2 点，在工作区中绘制一个三角形。在【图层】面板中选择该形状图层，将【不透明度】设置为 43%，如图 10-63 所示。

（18）在【图层】面板中继续选中该形状图层，单击【添加图层蒙版】按钮。在工具箱中选择【矩形选框工具】 ，在工作区中绘制一个矩形选框。将背景色设置为黑色，按 Ctrl+Delete 组合键填充背景色，如图 10-64 所示。

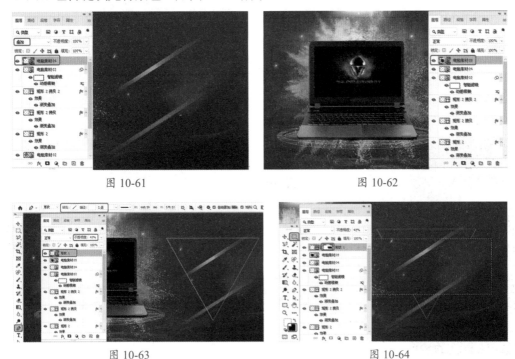

図 10-61　　　　　　　　　　　　　图 10-62

図 10-63　　　　　　　　　　　　　图 10-64

（19）按 Ctrl+D 组合键取消选区，在【图层】面板中选择【形状 1】图层，将其拖曳至【创建新图层】按钮上对其进行复制。选择复制后的图层，将【不透明度】设置为 100%。在工具箱中选择【钢笔工具】 ，在工具选项栏中将【描边宽度】设置为 6 点，并在工作区中调整该形状的位置，效果如图 10-65 所示。

（20）在工具箱中选择【横排文字工具】 ，在工作区中输入文字。选中输入的文字，在【字符】面板中将【字体】设置为"汉仪菱心体简"，将【字体大小】设置为 194 点，将【字符间距】设置为 -100，将【水平缩放】设置为 80%，将【颜色】设置为 #00b8f4，单击【仿斜体】按钮，并在工作区中调整该文字的位置，如图 10-66 所示。

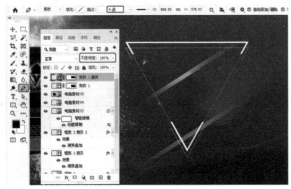

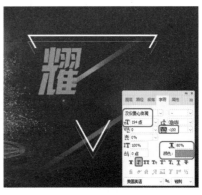

图 10-65　　　　　　　　　　　　　图 10-66

（21）在【图层】面板中选择【耀】文字图层，将其拖曳至【创建新图层】按钮上，对其进行复制。在【属性】面板中，将【颜色】设置为#fdfcfc。选择复制后的图层，将其重新命名为"耀 拷贝"，调整复制后的文字的位置，如图10-67所示。

（22）在【图层】面板中双击【耀 拷贝】图层，在弹出的对话框中选择【斜面和浮雕】选项，将【样式】设置为"内斜面"，将【方法】设置为"平滑"，将【深度】设置为84%，单击【上】单选按钮，将【大小】【软化】分别设置为1像素、0像素，将【角度】【高度】分别设置为90度、30度，将【高光模式】设置为"滤色"，将【高光颜色】设置为#ffffff，将【不透明度】设置为0%，将【阴影模式】设置为"正片叠底"，将【阴影颜色】设置为#7e7e7e，将【不透明度】设置为75%，如图10-68所示。

图 10-67

图 10-68

（23）再在该对话框中选择【投影】选项，将【混合模式】设置为"正常"，将【阴影颜色】设置为#ea00c6，将【不透明度】设置为98%，将【角度】设置为120度，取消勾选【使用全局光】复选框，将【距离】【扩展】【大小】分别设置为4像素、0%、7像素，单击【确定】按钮，如图10-69所示。

（24）使用同样的方法创建如图10-70所示的文字，并对其进行相应的设置。

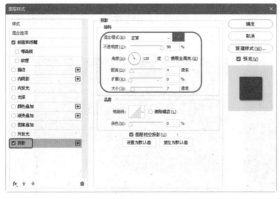
图 10-69

图 10-70

（25）在【图层】面板中单击【创建新组】按钮，新建一个图层组。选择所有的文字图层，将其拖曳至新建的图层组中。选择【组 1】，单击【创建新的填充或调整图层】按钮，在弹出的下拉列表中选择【色彩平衡】命令，如图 10-71 所示。

（26）在【属性】面板中将【色彩平衡】分别设置为 -19、0、21，如图 10-72 所示。

图 10-71

图 10-72

（27）在【图层】面板中将【色彩平衡 1】调整图层调整至【组 1】的上方，在【色彩平衡 1】图层上右击鼠标，在弹出的快捷菜单中选择【创建剪贴蒙版】命令，如图 10-73 所示。

（28）根据前面的方法在工作区中绘制其他图形并创建文字。将【电脑素材 06.png】与【电脑素材 07.png】素材文件置入至文档中，在工作区中调整该素材文件的位置。在【图层】面板中将【电脑素材 05】图层调整至【电脑素材 06】的上方，然后选择【电脑素材 07】图层，将【混合模式】设置为"颜色减淡"，将【不透明度】设置为 80%，效果如图 10-74 所示。

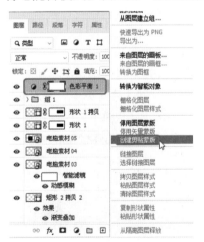

图 10-73

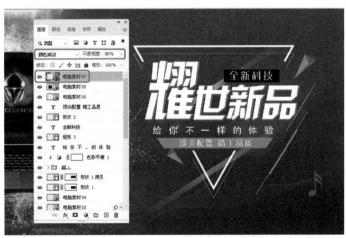

图 10-74

实例 111　广告设计 4——手表网站宣传广告

本例将介绍如何制作手表网站宣传广告，方法是首先打开一张背景素材文件，然后置入手表效果，并利用【矩形工具】【钢笔工具】【横排文字工具】制作宣传广告语，效果如图 10-75 所示。

图 10-75

（1）按 Ctrl+O 组合键，在弹出的对话框中选择【素材 \Cha10\ 手表素材 01.jpg】素材文件，单击【打开】按钮，将选中的素材文件打开，效果如图 10-76 所示。

（2）在菜单栏中选择【文件】|【置入嵌入对象】命令，在弹出的对话框中选择【手表素材 02.png】素材文件，单击【置入】按钮，在工作区中调整其大小与位置，并按 Enter 键完成置入，如图 10-77 所示。

图 10-76

图 10-77

（3）在工具箱中选择【矩形工具】□，在工作区中绘制一个矩形，在【属性】面板中将 W、H 分别设置为 406 像素、509 像素，将【填充】设置为 #ca2122，将【描边】设置为无，在工作区中调整其位置，效果如图 10-78 所示。

（4）在【图层】面板中双击【矩形 1】图层，在弹出的对话框中选择【投影】选项，将【混合模式】设置为"正片叠底"，将【阴影颜色】设置为 # dba295，将【不透明度】设置为 94%，取消勾选【使用全局光】复选框，将【角度】设置为 90 度，将【距离】【扩展】【大小】分别设置为 10 像素、11%、21 像素，单击【确定】按钮，如图 10-79 所示。

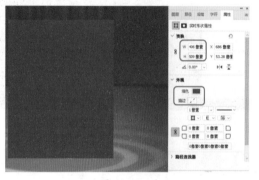

图 10-78

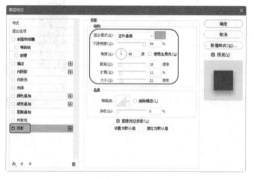

图 10-79

（5）继续使用【矩形工具】□.在工作区中绘制一个矩形，在【属性】面板中将 W、H 分别设置为 483 像素、66 像素，将【填色】设置为 #da1e25，将【描边】设置为无，在工作区中调整其位置，效果如图 10-80 所示。

（6）在工具箱中选择【钢笔工具】∅.，在工具选项栏中将【工具模式】设置为"形状"，将【填充】设置为 #330505，将【描边】设置为无，在工作区中绘制如图 10-81 所示的两个图形。

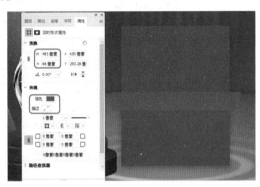

图 10-80

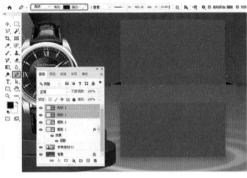

图 10-81

（7）在【图层】面板中选择【形状 1】【形状 2】两个图层，将其拖曳至【矩形 1】图层的下方。然后在【图层】面板中选择顶层的图层，在工具箱中选择【横排文字工具】T.，在工作区中输入文字。选中输入的文字，在【字符】面板中将【字体】设置为"长城新艺体"，将【字体大小】设置为 48 点，将【字符间距】设置为 150，将【颜色】设置为 #f2e9c3，在工作区中调整文字的位置，效果如图 10-82 所示。

（8）再次使用【横排文字工具】T.在工作区中输入文字。选中输入的文字，在【字符】面板中将【字体】设置为"汉仪菱心体简"，将【字体大小】设置为 68 点，在工作区中调整文字的位置，效果如图 10-83 所示。

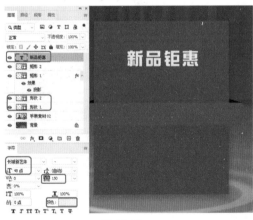

图 10-82

图 10-83

（9）使用同样的方法在工作区中输入其他文字内容，并进行相应的设置，效果如图 10-84 所示。

（10）在工具箱中选择【圆角矩形工具】 ▢.，在工作区中绘制一个圆角矩形，在【属性】面板中将 W、H 分别设置为 201 像素、53 像素，将【填充】设置为 #f5e4ca，将【描边】设置为无，将所有的圆角半径均设置为 26.5 像素，并在工作区中调整其位置，效果如图 10-85 所示。

图 10-84

图 10-85

（11）在【图层】面板中选择【圆角矩形 1】图层，按 Ctrl+J 组合键对其进行复制。选中【圆角矩形 1 拷贝】图层，在【属性】面板中将 W、H 分别设置为 190 像素、50 像素，将【填充】设置为无，将【描边】设置为 #da1e25，将【描边宽度】设置为 1.6 点，将所有的圆角半径均设置为 25 像素，并在工作区中调整其位置，效果如图 10-86 所示。

（12）根据前面的方法在工作区中输入其他内容，并绘制其他图形，效果如图 10-87 所示。

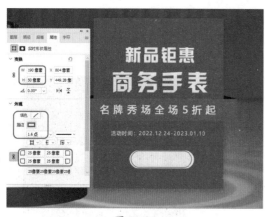

图 10-86

图 10-87

实例 112　广告设计 5——女包网站宣传广告

　　女包是女性的随身装饰品之一，时尚的女包几乎每个女性都有一件。随着女包产业的高速增长，女包宣传广告也越来越多，本例将介绍如何制作女包网站宣传广告，效果如图 10-88 所示。

（1）按 Ctrl+O 组合键，在弹出的对话框中选择【素材 \Cha10\ 女包素材 01.jpg】素材文件，单击【打开】按钮，将选中的素材文件打开，效果如图 10-89 所示。

（2）在工具箱中选择【矩形工具】▫，在工作区中绘制一个矩形，在【属性】面板中将 W、H 分别设置为

图 10-88

1478 像素、693 像素，将【填色】设置为白色，将【描边】设置为无。在【图层】面板中选择【矩形 1】图层，将【不透明度】设置为 20%，并调整其位置，如图 10-90 所示。

图 10-89

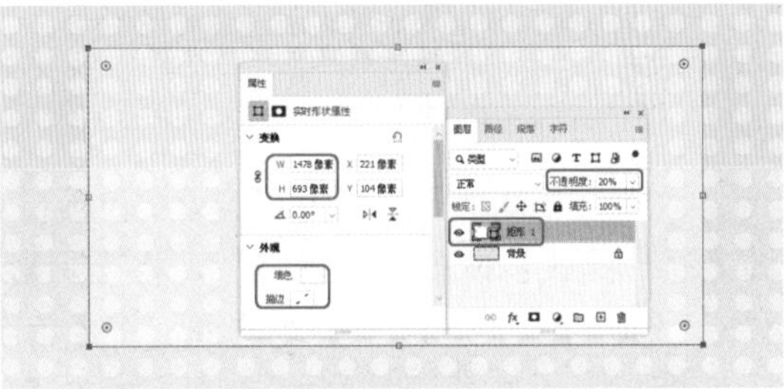

图 10-90

（3）在【图层】面板中选择【矩形 1】图层，按 Ctrl+J 组合键复制图层。在【图层】面板中选择【矩形 1 拷贝】图层，将【不透明度】设置为 100%。在【属性】面板中，将 W、H 分别设置为 1324 像素、621 像素，将【填充】设置为 #fff6f5，将【描边】设置为无，在工作区中调整其位置，效果如图 10-91 所示。

（4）在【图层】面板中选择【矩形 1 拷贝】图层，按 Ctrl+J 组合键复制图层。在【图层】面板中选择【矩形 1 拷贝 2】图层，在【属性】面板中将 W、H 分别设置为 1363 像素、646 像素，将【填充】设置为无，将【描边】设置为白色，将【描边宽度】设置为 2 像素，在工作区中调整其位置，效果如图 10-92 所示。

图 10-91

图 10-92

（5）在【图层】面板中选择【矩形 1 拷贝 2】图层，按 Ctrl+J 组合键复制图层。在【图

层】面板中选择【矩形 1 拷贝 3】图层，在【属性】面板中将 W、H 分别设置为 1320 像素、665 像素，将【填充】设置为无，将【描边】设置为 #fdf18b，将【描边宽度】设置为 10 像素，在工作区中调整其位置，效果如图 10-93 所示。

（6）在菜单栏中选择【文件】|【置入嵌入对象】命令，在弹出的对话框中选择【女包素材 02.png】素材文件，单击【置入】按钮，在工作区中调整其大小与位置，并按 Enter 键完成置入，如图 10-94 所示。

图 10-93   图 10-94

（7）在【图层】面板中双击【女包素材 02】图层，在弹出的对话框中选择【投影】选项，将【混合模式】设置为"正常"，将【阴影颜色】设置为 #a75353，将【不透明度】设置为 47%，勾选【使用全局光】复选框，将【角度】设置为 90 度，将【距离】【扩展】【大小】分别设置为 11 像素、6%、21 像素，单击【确定】按钮，如图 10-95 所示。

（8）在【图层】面板中选择【女包素材 02】图层，按 Ctrl+J 组合键复制图层。在【图层】面板中双击【女包素材 02 拷贝】图层，在弹出的对话框中取消勾选 G、B 复选框，然后取消勾选【投影】复选框，单击【确定】按钮，如图 10-96 所示。

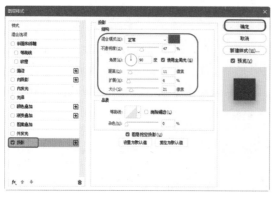

图 10-95   图 10-96

（9）在【图层】面板中选择【女包素材 02 拷贝】图层，在工作区中调整其位置，效果如图 10-97 所示。

（10）在【图层】面板中选择【女包素材 02 拷贝】图层，按 Ctrl+J 组合键复制图层。双击【女包素材 02 拷贝 2】图层，在弹出的对话框中取消勾选 R 复选框，勾选 B 复选框，单击【确定】按钮，如图 10-98 所示。

图 10-97　　　　　　　　　　　　　　　　　图 10-98

（11）在【图层】面板中选择【女包素材 02 拷贝 2】图层，在工作区中调整其位置，效果如图 10-99 所示。

（12）在工具箱中选择【横排文字工具】 **T.**，在工作区中输入文字。选中输入的文字，在【字符】面板中将【字体】设置为"微软雅黑"，将【字体样式】设置为"Bold"，将【字体大小】设置为 167 点，将【字符间距】设置为 50，将【水平缩放】设置为 98%，将【颜色】设置为 #b6ffff，并在工作区中调整其位置，效果如图 10-100 所示。

图 10-99　　　　　　　　　　　　　　　　　图 10-100

（13）在【图层】面板中选择【时尚女包】图层，在弹出的对话框中选择【描边】选项，将【大小】设置为 1 像素，将【位置】设置为"外部"，将【颜色】设置为 #000000，单击【确定】按钮，如图 10-101 所示。

（14）继续选中该文字，按 Ctrl+T 组合键变换选区，在工具选项栏中将【旋转】设置为 -1.3 度按 Enter 键完成旋转，如图 10-102 所示。

图 10-101　　　　　　　　　　　　　　　　　图 10-102

（15）在【图层】面板中选择【时尚女包】图层，按 Ctrl+J 组合键复制图层，并将复制后的图层重新命名为"时尚女包 副本"。将"时尚"颜色更改白色，将"女包"颜色设置为 #fef600，并在工作区中调整其位置，效果如图 10-103 所示。

（16）在【图层】面板中双击【时尚女包 副本】下方的【描边】样式，在弹出的对话框中将【大小】设置为 2 像素，单击【确定】按钮，如图 10-104 所示。

图 10-103

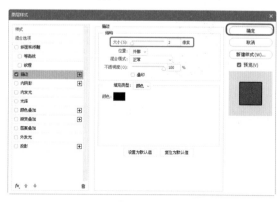
图 10-104

（17）根据前面的方法将【女包素材 03.png】【女包素材 04.png】【女包素材 05.png】素材文件置入至文档中，并调整相应的位置与大小，效果如图 10-105 所示。

（18）根据前面所学的知识在工作区中绘制其他图形，输入相应的文字，并对其进行设置，效果如图 10-106 所示。

图 10-105

图 10-106

淘宝店铺设计

本章导读:

在很多淘宝店铺中,为了增添艺术效果,将多种颜色及复杂的图形结合,让画面看起来色彩斑斓、光彩夺目,从而激发大众的购买欲,这也是淘宝店铺的一大特点。本章将介绍如何制作淘宝店铺。

◆◆◆◆◆◆◆ **实例 113 淘宝店铺 1——服装淘宝店铺设计**

本例将介绍如何制作服装淘宝店铺，方法是首先打开背景素材图片，然后将网站宣传广告置入至文档中，并添加图层蒙版使图片与背景融合，最后使用【圆角矩形工具】【横排文字工具】制作展示内容，效果如图 11-1 所示。

（1）按 Ctrl+O 组合键，在弹出的对话框中选择【素材 \Cha11\ 服装素材 01.jpg】素材文件，单击【打开】按钮。在工具箱中选择【钢笔工具】 ⌀，在工具选项栏中将【填充】设置为 #0cb5d4，将【描边】设置为无，在工作区中绘制如图 11-2 所示的图形。

（2）将【服装素材 02.png】素材文件置入至文档中，在工具箱中选择【横排文字工具】 T.，在工作区中输入文字。选中输入的文字，在【字符】面板中将【字体】设置为"汉仪书魂体简"，将【字体大小】设置为 55 点，将【字符间距】设置为 0，将【颜色】设置为白色，如图 11-3 所示。

图 11-1

图 11-2

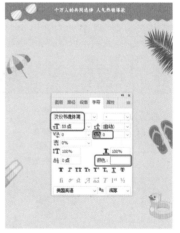

图 11-3

（3）在【图层】面板中双击新输入的文字图层，在弹出的对话框中选择【投影】选项，将【混合模式】设置为"正片叠底"，将【阴影颜色】设置为 #00a1bf，将【不透明度】设置为 75%，取消勾选【使用全局光】复选框，将【角度】设置为 120 度，将【距离】【扩展】【大小】分别设置为 2 像素、0%、2 像素，单击【确定】按钮，如图 11-4 所示。

（4）在工具箱中选择【横排文字工具】 T.，在工作区中输入文字。选中输入的文字，在【字符】面板中将【字体】设置为"微软雅黑"，将【字体大小】设置为 36 点，将【字符间距】设置为 0，将【颜色】设置为白色，如图 11-5 所示。

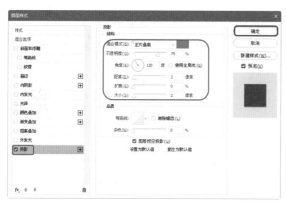

图 11-4

图 11-5

（5）在工具箱中选择【矩形工具】 □，在工作区中绘制一个矩形，在【属性】面板中将 W、H 分别设置为 344 像素、160 像素，将【填充】设置为无，将【描边】设置为白色，将【描边宽度】设置为 8 像素，如图 11-6 所示。

（6）在【图层】面板中双击【矩形 1】图层，在弹出的对话框中选择【投影】选项，将【混合模式】设置为"正片叠底"，将【阴影颜色】设置为 #0cb5d4，将【不透明度】设置为 75%，取消勾选【使用全局光】复选框，将【角度】设置为 145 度，将【距离】【扩展】【大小】分别设置为 15 像素、0%、2 像素，单击【确定】按钮，如图 11-7 所示。

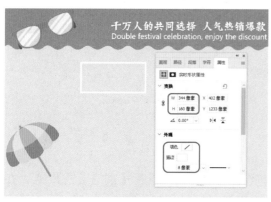

图 11-6

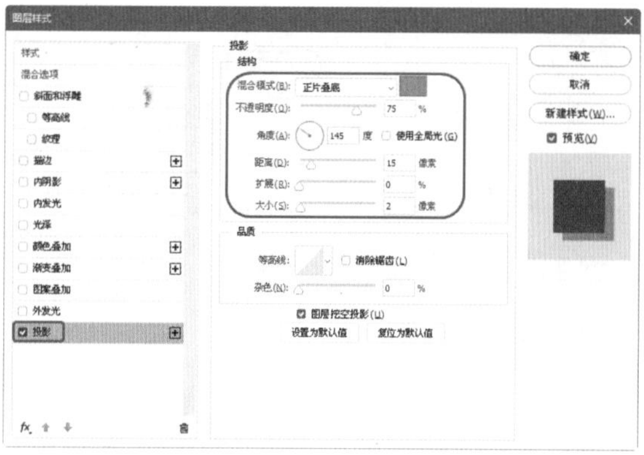

图 11-7

（7）在工具箱中选择【横排文字工具】 T.，在工作区中输入文字。选中输入的文字，在【字符】面板中将【字体】设置为"微软雅黑"，将【字体大小】设置为 94 点，将【字符间距】设置为 0，将【颜色】设置为 #0cb5d4，如图 11-8 所示。

（8）使用同样的方法在工作区中输入其他文字内容，绘制圆角矩形，并对制作的内容进行复制及修改，效果如图 11-9 所示。

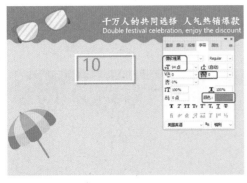

图 11-8   图 11-9

（9）在工具箱中选择【横排文字工具】 T.，在工作区中输入文字。选中输入的文字，在【字符】面板中将【字体】设置为"方正兰亭粗黑简体"，将【字体大小】设置为 42 点，将【字符间距】设置为 0，将【颜色】设置为 #fe9b00，如图 11-10 所示。

（10）在【图层】面板中双击新输入的文字图层，在弹出的对话框中选择【外发光】选项，将【混合模式】设置为"滤色"，将【不透明度】设置为 75%，将【杂色】设置为 0%，将【发光颜色】设置为 #fffbe，将【方法】设置为"柔和"，将【扩展】【大小】分别设置为 0%、13 像素，单击【确定】按钮，如图 11-11 所示。

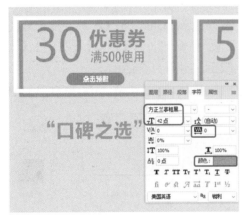

图 11-10   图 11-11

（11）对输入的文字进行复制，并修改文字内容。在工具箱中选择【钢笔工具】 ∅.，在选项栏中将【填充】设置为白色，将【描边】设置为无，单击【路径操作】按钮 □，在弹出的下拉列表中选择【合并形状】命令，在工作区中绘制如图 11-12 所示的图形。

（12）对绘制的图形进行复制。在工具箱中选择【矩形工具】 □.，在工作区中绘制一个矩形，在【属性】面板中将 W、H 分别设置为 1315 像素、557 像素，将【填色】设置为白色，将【描边】设置为无，效果如图 11-13 所示。

图 11-12

图 11-13

（13）在【图层】面板中选择【矩形 2】，按 Ctrl+J 组合键进行复制。选中【矩形 4 拷贝】图层，将其拖曳至【矩形 2】的下方，将其填充颜色更改为 #87dcea，调整其旋转角度。在【属性】面板中将【羽化】设置为 6 像素，如图 11-14 所示。

（14）在【图层】面板中选择【矩形 2】图层，将【服装素材 03.jpg】素材文件置入至文档中，如图 11-15 所示。

图 11-14

图 11-15

（15）在工具箱中选择【横排文字工具】 T.，在工作区中输入文字。选中输入的文字，在【字符】面板中将【字体】设置为"方正兰亭粗黑简体"，将【字体大小】设置为 51 点，将【字符间距】设置为 0，将【颜色】设置为 #118eba，如图 11-16 所示。

（16）在【图层】面板中双击新输入的文字图层，在弹出的对话框中选择【渐变叠加】选项，将【混合模式】设置为"正常"，将【不透明度】设置为 100%。单击渐变条，在弹出的对话框中，将左侧色标的颜色值设置为 #6288f3，将右侧色标的颜色值设置为 #45c7f8，单击【确定】按钮。将【样式】设置为"线性"，将【角度】设置为 0 度，将【缩放】设置为 100%，单击【确定】按钮，如图 11-17 所示。

（17）使用【横排文字工具】在工作区中输入其他文字内容，如图 11-18 所示。

（18）在工具箱中选择【圆角矩形工具】 □.，在工作区中绘制一个圆角矩形。在【属性】，面板中将 W、H 均设置为 54 像素，将【填色】的颜色值设置为 #0cb5d4，将【描边】设置为无，将所有圆角半径均设置为 8 像素，如图 11-19 所示。

图 11-16　　　　　　　　　　　　　　　　　图 11-17

图 11-18　　　　　　　　　　　　　　　　　图 11-19

（19）在工具箱中选择【横排文字工具】　，在工作区中输入文字。选中输入的文字，在【字符】面板中将【字体】设置为"Adobe 黑体 Std"，将【字体大小】设置为 17 点，将【颜色】设置为白色，如图 11-20 所示。

（20）对绘制的图形与输入的文字进行复制。修改复制的文字，根据前面的方法绘制其他图形并输入文字，效果如图 11-21 所示。

图 11-20　　　　　　　　　　　　　　　　　图 11-21

（21）对绘制的图形与输入的文字进行复制，并修改复制的文字，效果如图 11-22 所示。

（22）根据前面的方法置入素材文件，效果如图 11-23 所示。

图 11-22 图 11-23

◆◆◆◆◆◆◆ **实例 114 淘宝店铺 2——护肤品淘宝店铺设计**

本例将介绍如何制作护肤品淘宝店铺，方法是利用【钢笔工具】与【圆角矩形工具】绘制产品展示背景，然后利用【横排文字工具】输入产品介绍，效果如图 11-24 所示。

（1）按 Ctrl+O 组合键，在弹出的对话框中选择【素材 \Cha11\ 护肤品素材 01.jpg】素材文件，单击【打开】按钮，效果如图 11-25 所示。

（2）在菜单栏中选择【文件】|【置入嵌入对象】命令，在弹出的对话框中选择【护肤品素材 02.png】素材文件，单击【置入】按钮，在工作区中调整其大小与位置，并按 Enter 键完成置入，如图 11-26 所示。

图 11-24 图 11-25 图 11-26

（3）使用同样的方法将【护肤品素材 03.png】素材文件置入至文档中。在工具箱中选择【横排文字工具】 **T.**，在工作区中输入文字。选中输入的文字，在【字符】面板中将【字体】设置为"微软雅黑"，将【字体大小】设置为 52 点，将【字符间距】设置为 0，将【颜色】设置为白色，并在工作区中调整其位置，效果如图 11-27 所示。

（4）在工具箱中选择【钢笔工具】 **Ø.**，在工具选项栏中将【填充】设置为 #0caef8，将【描边】设置为无，在工作区中绘制一个如图 11-28 所示的图形。

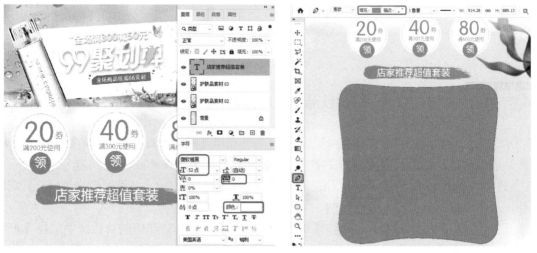

图 11-27   图 11-28

（5）在【图层】面板中双击【形状 1】图层，在弹出的对话框中选择【投影】选项，将【混合模式】设置为"正片叠底"，将【阴影颜色】设置为 #078cc9，将【不透明度】设置为 47%，取消勾选【使用全局光】复选框，将【角度】设置为 90 度，将【距离】【大小】【扩展】分别设置为 2 像素、5%、9 像素，单击【确定】按钮，如图 11-29 所示。

（6）在工具箱中选择【圆角矩形工具】 **□.**，在工作区中绘制一个圆角矩形，在【属性】面板中将 W、H 分别设置为 837 像素、815 像素，将【填色】设置为白色，将【描边】设置为无，将圆角半径均设置为 30 像素，并在工作区中调整其位置，效果如图 11-30 所示。

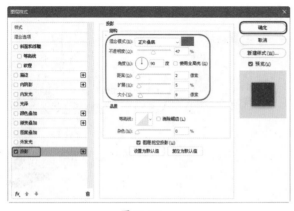
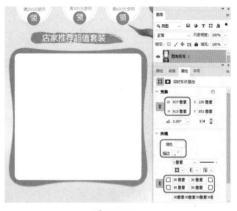

图 11-29   图 11-30

　　（7）根据前面的方法将【护肤品素材 04.png】【护肤品素材 05.png】素材文件置入至文档中。在【图层】面板中，选中两个素材文件的图层，右击鼠标，在弹出的快捷菜单中选择【创建剪贴蒙版】命令，如图 11-31 所示。

　　（8）在工具箱中选择【横排文字工具】T.，在工作区中输入文字。选中输入的文字，在【字符】面板中将【字体】设置为"微软雅黑"，将【字体样式】设置为"Bold"，将【字体大小】设置为 38 点，将【字符间距】设置为 100，将【颜色】设置为 #0caef8，并在工作区中调整其位置，效果如图 11-32 所示。

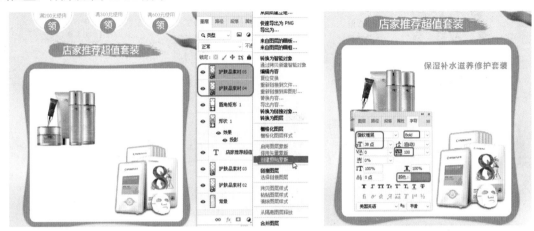

图 11-31　　　　　　　　　　　　　　　　　图 11-32

　　（9）在工具箱中选择【直线工具】，在工具选项栏中将【填充】设置为无，将【描边】设置为 #bee9fd，将【粗细】设置为 2，在工作区中绘制两条水平直线，效果如图 11-33 所示。

　　（10）在工具箱中选择【横排文字工具】T.，在工作区中输入文字。选中输入的文字，在【字符】面板中将【字体】设置为"微软雅黑"，将【字体样式】设置为"Regular"，将【字体大小】设置为 29 点，将【字符间距】设置为 50，将【颜色】设置为 #666666，并在工作区中调整其位置，效果如图 11-34 所示。

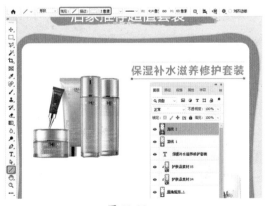

图 11-33　　　　　　　　　　　　　　　　　图 11-34

（11）使用同样的方法在工作区中输入其他文字，并进行相应的调整，效果如图 11-35 所示。

（12）根据前面的方法将【复选框 .png】素材文件置入至文档中，对素材进行复制并调整位置，效果如图 11-36 所示。

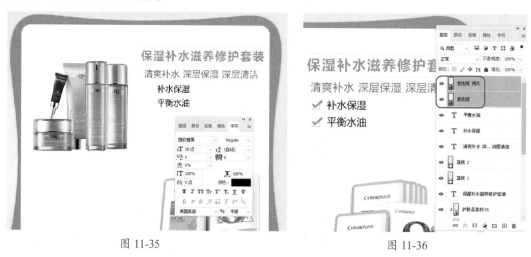

图 11-35　　　　　　　　　　　　　　图 11-36

（13）对绘制的图形进行复制，并调整其位置。在工具箱中选择【钢笔工具】 ，在工具选项栏中将【填充】设置为 # f22d65，将【描边】设置为无，在工作区中绘制如图 11-37 所示的图形。

（14）根据前面的方法在工作区中创建其他文字与图形，并进行相应的设置，效果如图 11-38 所示。

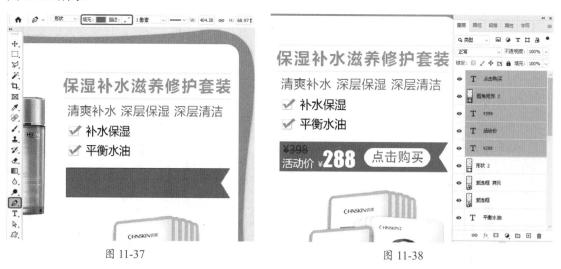

图 11-37　　　　　　　　　　　　　　图 11-38

（15）在工作区中将前面所制作的文字与图形进行复制，并调整复制后的对象的位置与内容，效果如图 11-39 所示。

（16）根据前面的方法制作其他内容，并将【护肤品素材 06.png】【护肤品素材 07.png】【护肤品素材 08.png】【护肤品素材 09.png】置入至文档中，效果如图 11-40 所示。

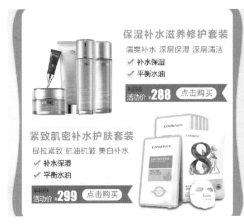

图 11-39　　　　　　　　　　　　　　　图 11-40

实例 115　淘宝店铺 3——手表淘宝店铺页面设计

本例将介绍如何制作手表淘宝店铺页面，方法是利用【圆角矩形工具】制作满减优惠效果，然后使用【横排文字工具】制作标题效果，再为文字添加【渐变叠加】与【投影】图层样式，使文字产生立体效果，最后置入相应的产品展示，并使用【横排文字工具】输入产品介绍，效果如图 11-41 所示。

（1）按 Ctrl+O 组合键，在弹出的对话框中选择【素材 \Cha11\ 手表素材 01.jpg】素材文件，单击【打开】按钮，效果如图 11-42 所示。

（2）将【手表素材 02.png】素材文件置入至文档中。在工具箱中选择【横排文字工具】**T.**，在工作区中输入文字。选中输入的文字，在【字符】面板中将【字体】设置为 "Adobe 黑体 Std"，将【字体大小】设置为 37 点，将【字符间距】设置为 320，将【颜色】设置为白色，并在工作区中调整其位置，效果如图 11-43 所示。

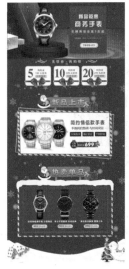

图 11-41　　　　　　图 11-42　　　　　　　　　　图 11-43

（3）在工具箱中选择【圆角矩形工具】 ，在工作区中绘制一个圆角矩形。在【属性】面板中，将 W、H 分别设置为 285 像素、212 像素，将【填充】设置为白色，将【描边】设置为 #d8b997，将【描边宽度】设置为 5 像素，将所有的圆角半径均设置为 25 像素，效果如图 11-44 所示。

（4）在工具箱中选择【横排文字工具】 ，在工作区中输入文字。选中输入的文字，在【字符】面板中将【字体】设置为"创艺简老宋"，将【字体大小】设置为 133 点，将【字符间距】设置为 -25，将【颜色】设置为 #d31b42，并在工作区中调整其位置，效果如图 11-45 所示。

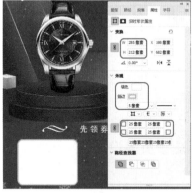

（5）再次使用【横排文字工具】 输入文字。选中输入

图 11-44　　　　　　　　　　　　　　　　　图 11-45

的文字，在【字符】面板中，将【字体】设置为"Adobe 黑体 Std"，将【字体大小】设置为 25 点，将【行距】设置为 31 点，将【字符间距】设置为 0，将【颜色】设置为 #d31b42。在【段落】面板中，单击【居中对齐文本】按钮 ，并在工作区中调整其位置，效果如图 11-46 所示。

（6）在工具箱中选择【圆角矩形工具】 ，在工作区中绘制一个圆角矩形。在【属性】面板中将 W、H 分别设置为 128 像素、32 像素，将【填充】设置为 #fec855，将【描边】设置为无，将所有的圆角半径均设置为 10 像素，效果如图 11-47 所示。

（7）使用【横排文字工具】 输入文字。选中输入的文字，在【字符】面板中将【字体】设置为"Adobe 黑体 Std"，将【字体大小】设置为 24 点，将【字符间距】设置为 100，将【颜色】设置为 #dd4055。将【手表素材 03.png】素材文件置入至文档中，并调整其位置，效果如图 11-48 所示。

　　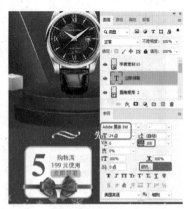

图 11-46　　　　　　　　　图 11-47　　　　　　　　　图 11-48

（8）将制作的内容进行复制，并对复制的内容进行修改与调整，效果如图 11-49 所示。

（9）将【手表素材 04.png】素材文件置入至文档中，使用【横排文字工具】 T 输入文字。选中输入的文字，在【字符】面板中将【字体】设置为"方正华隶简体"，将【字体大小】设置为 85 点，将【字符间距】设置为 100，将【颜色】设置为 #f7bc2d，如图 11-50 所示。

图 11-49

图 11-50

（10）在【图层】面板中双击【新品上市】文字图层，在弹出的对话框中选择【渐变叠加】选项。单击【渐变】右侧的渐变条，在弹出的【渐变编辑器】对话框中，将左侧色标的颜色值设置为 # d4a553，将右侧色标的颜色值设置为 #ffeebb，单击【确定】按钮，如图 11-51 所示。

（11）在【图层样式】对话框中，将【样式】设置为"线性"，将【角度】设置为 90 度，如图 11-52 所示。

（12）在【图层样式】对话框中选择【投影】选项，将【混合模式】设置为"正片叠底"，将【阴影颜色】设置为 #8d5600，将【不透明度】设置为 100%，勾选【使用全局光】复选框，将【角度】设置为 90 度，将【距离】【扩展】【大小】分别设置为 5 像素、0%、5 像素，单击【确定】按钮，如图 11-53 所示。

图 11-51

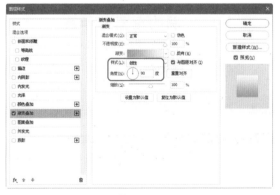

图 11-52

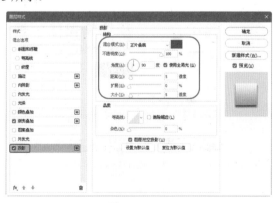

图 11-53

（13）在工具箱中选择【横排文字工具】 **T.**，在工作区中输入文字。选中输入的文字，在【字符】面板中将【字体】设置为"微软雅黑"，将【字体样式】设置为"Bold"，将【字体大小】设置为 52 点，将【字符间距】设置为 160，将【水平缩放】设置为 90%，将【颜色】设置为 #c8182e，并在工作区中调整其位置，效果如图 11-54 所示。

（14）使用【横排文字工具】 **T.** 在工作区中输入文字。选中输入的文字，在【字符】面板中将【字体】设置为"微软雅黑"，将【字体样式】设置为"Regular"，将【字体大小】设置为 32 点，将【字符间距】设置为 -11，将【水平缩放】设置为 100%，将【颜色】设置为 #06392d，并在工作区中调整其位置，效果如图 11-55 所示。

图 11-54　　　　　　　　　　　　　　　　图 11-55

（15）在工具箱中选择【矩形工具】，在工作区中绘制一个矩形，在【属性】面板中将 W、H 分别设置为 123 像素、47 像素，将【填充】设置为 #06392d，将【描边】设置为无，效果如图 11-56 所示。

（16）使用【横排文字工具】 **T.** 在工作区中输入文字。选中输入的文字，在【字符】面板中将【字体】设置为"微软雅黑"，将【字体大小】设置为 26 点，将【字符间距】设置为 -11，将【颜色】设置为白色，并在工作区中调整其位置，效果如图 11-57 所示。

图 11-56　　　　　　　　　　　　　　　　图 11-57

（17）对绘制的矩形与文字进行复制，并修改复制后的文字内容，效果如图 11-58 所示。

（18）根据前面的方法制作其他内容，并置入相应的素材文件，效果如图 11-59 所示。

图 11-58

图 11-59

实例 116　淘宝店铺 4——女包淘宝店铺设计

本例将介绍如何制作女包淘宝店铺，方法是为素材添加图层蒙版，并使用【画笔工具】对图层蒙版进行涂抹，使广告展示产生三维立体效果，效果如图 11-60 所示。

（1）按 Ctrl+N 组合键，在弹出的对话框中将【宽度】【高度】分别设置为 1350 像素、3843 像素，将【分辨率】设置为 72 像素 / 英寸，将【背景内容】设置为"自定义"，将【颜色】设置为 #ffdce5，单击【创建】按钮。在菜单栏中选择【文件】|【置入嵌入对象】命令，在弹出的对话框中选择【女包素材 01.jpg】素材文件，单击【置入】按钮，在工作区中调整其大小与位置，并按 Enter 键完成置入，如图 11-61 所示。

（2）将【女包素材 02.png】素材文件置入至文档中。在【图层】面板中，按住 Ctrl 键单击【女包素材 02】图层缩览图，将其载入选区，单击【创建新图层】按钮 ⊡。将前景色设置为 #ffdce5，按 Alt+Delete 组合键填充前景色，效果如图 11-62 所示。

图 11-60

图 11-61   图 11-62

（3）按 Ctrl+D 组合键取消选区，将【图层 1】调整至【女包素材 02】图层的下方，将【女包素材 02】图层隐藏。继续选中【图层 1】图层，单击【添加图层蒙版】按钮 ■。在工具箱中选择【画笔工具】 ✐ ，在工具选项栏中将【画笔】设置为"柔边缘"，将前景色设置为黑色，对素材进行涂抹，效果如图 11-63 所示。

（4）在【图层】面板中选择【女包素材 02】图层，将其取消隐藏，单击【添加图层蒙版】按钮 ■。在工具箱中选择【渐变工具】，在工具选项栏中将【渐变颜色】设置为"黑，白渐变"，在工作区中拖动鼠标对图层蒙版进行填充，效果如图 11-64 所示。

图 11-63   图 11-64

（5）继续选中【女包素材 02】右侧的图层蒙版，在工具箱中选择【画笔工具】 ✐ ，在工具选项栏中将【画笔】设置为"柔边缘"，将前景色设置黑色，在工作区中对多余的部分进行擦除，效果如图 11-65 所示。

（6）根据前面的方法将【女包素材 03.png】【女包素材 04.png】【女包素材 05.png】置入至文档中，并调整其大小与位置。使用【横排文字工具】 T.在工作区中输入文字。选中输入的文字，在【字符】面板中将【字体】设置为"微软雅黑"，将【字体大小】设置为 81 点，将【字符间距】设置为 0，将【垂直缩放】【水平缩放】均设置为 85%，将【颜色】设置为 #4c4c4a，并在工作区中调整其位置，效果如图 11-66 所示。

图 11-65　　　　　　　　　　　　　　　　　图 11-66

（7）使用【横排文字工具】 T.在工作区中输入文字。选中输入的文字，在【字符】面板中将【字体】设置为"微软雅黑"，将【字体样式】设置为"Bold"，将【字体大小】设置为 32 点，将【垂直缩放】【水平缩放】均设置为 85%，将【颜色】设置为 #4c4c4a，并在工作区中调整其位置，效果如图 11-67 所示。

（8）在工具箱中选择【矩形工具】 □.，在工作区中绘制一个矩形。在【属性】面板中，将 W、H 分别设置为 295 像素、52 像素，将【填色】设置为无，将【描边】设置为 #fa6b89，将【描边宽度】设置为 3 点，效果如图 11-68 所示。

图 11-67　　　　　　　　　　　　　　　　　图 11-68

（9）在【图层】面板中选择【矩形 1】图层，按 Ctrl+J 组合键进行复制。选择【矩形 1 拷贝】图层，在【属性】面板中将 W、H 分别设置为 284 像素、42 像素，将【填充】设置为 #fa6b89，将【描边】设置为无，在工作区中调整其位置，效果如图 11-69 所示。

（10）使用【横排文字工具】 T. 在工作区中输入文字。选中输入的文字，在【字符】面板中将【字体】设置为"微软雅黑"，将【字体样式】设置为"Regular"，将【字体大小】设置为 34 点，将【垂直缩放】【水平缩放】均设置为 85%，将【颜色】设置为白色，在工作区中调整其位置，效果如图 11-70 所示。

图 11-69　　　　　　　　　　　　　　　　　　　图 11-70

（11）在工具箱中选择【钢笔工具】 ⌀. ，在工具选项栏中将【填充】设置为 #f7cbd3，将【描边】设置为无，在工作区中绘制如图 11-71 所示的图形。

（12）在【图层】面板中双击【形状 1】图层，在弹出的对话框中选择【内阴影】选项，将【混合模式】设置为"叠加"，将【阴影颜色】设置为 #000000，将【不透明度】设置为 40%，勾选【使用全局光】复选框，将【角度】设置为 90 度，将【距离】【扩展】【大小】分别设置为 0 像素、0%、40 像素，单击【确定】按钮，如图 11-72 所示。

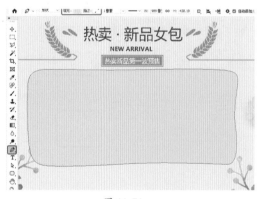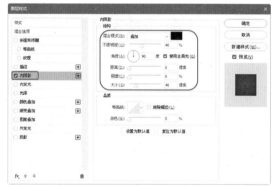

图 11-71　　　　　　　　　　　　　　　　　　　图 11-72

（13）在【图层】面板中选择【形状 1】图层，按 Ctrl+J 组合键复制图层。选中【形状 1】图层，在工具箱中选择【钢笔工具】，在工具选项栏中将【填充】设置为白色，并调整其大小与位置，效果如图 11-73 所示。

（14）将【女包素材 06.png】素材文件置入至文档中，在【图层】面板中选择【女包素材 06】图层，右击鼠标，在弹出的快捷菜单中选择【创建剪贴蒙版】命令，如图 11-74 所示。

图 11-73　　　　　　　　　　　　　图 11-74

（15）根据前面的方法绘制其他图形并输入文字，效果如图 11-75 所示。

（16）使用同样的方法在工作区中制作其他内容，并置入素材，效果如图 11-76 所示。

图 11-75　　　　　　　　　　　　　图 11-76

实例 117　淘宝店铺5——电脑淘宝店铺设计

本例将介绍如何制作电脑淘宝店铺，方法是为打开的素材添加【外发光】图层样式，然后利用【圆角矩形工具】绘制圆角矩形，制作产品展示框，最后再利用【横排文字工具】输入文字，效果如图 11-77 所示。

（1）按 Ctrl+O 组合键，在弹出的对话框中选择【素材 \Cha11\ 电脑素材 01.jpg】素材文件，单击【打开】按钮，效果如图 11-78 所示。

（2）将【电脑素材 02.png】【电脑素材 03.png】素材文件置入至文档中，并调整其位置，效果如图 11-79 所示。

图 11-77

图 11-78

图 11-79

（3）在【图层】面板中双击【电脑素材03】图层，在弹出的对话框中选择【外发光】选项，将【混合模式】设置为"滤色"，将【不透明度】设置为100%，将【杂色】设置为0%，将【发光颜色】设置为#d708bd，将【方法】设置为"柔和"，将【扩展】【大小】分别设置为0%、15像素，将【范围】【抖动】设置为50%、0%，单击【确定】按钮，如图11-80所示。

（4）在【图层】面板中选择【电脑素材03】图层，按Ctrl+J组合键对其进行复制。在工具箱中选择【圆角矩形工具】 ，在工作区中绘制一个圆角矩形，在【属性】面板中将W、H分别设置为1103像素、521像素，将【填色】设置为# f5e3ff，将【描边】设置为无，将所有的圆角半径均设置为30像素，并在工作区中调整其位置，效果如图11-81所示。

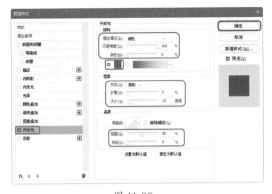
图 11-80

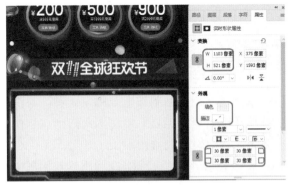
图 11-81

（5）在【图层】面板中选择【圆角矩形1】图层，按Ctrl+J组合键复制图层。在【属性】面板中将【填色】设置为无，将【描边】设置为#b300c1，将【描边宽度】设置为6像素，效果如图 11-82 所示。

（6）在【图层】面板中双击【圆角矩形 1 拷贝】图层，在弹出的对话框中选择【外发光】选项，将【混合模式】设置为"滤色"，将【不透明度】设置为 75%，将【杂色】设置为 0%，将【发光颜色】设置为 #9e00b8，将【方法】设置为"柔和"，将【扩展】【大小】分别设置为 5%、7 像素，将【范围】【抖动】设置为 50%、0%，单击【确定】按钮，如图 11-83 所示。

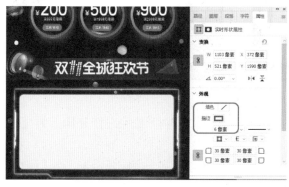 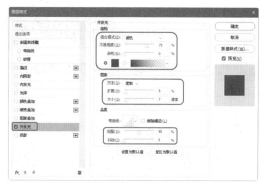

图 11-82   图 11-83

（7）将【电脑素材 04.png】素材文件置入至文档中。在工具箱中选择【横排文字工具】 T.，在工作区中输入文字。选中输入的文字，在【字符】面板中将【字体】设置为"方正兰亭粗黑简体"，将【字体大小】设置为 49 点，将【字符间距】设置为 -50，将【颜色】设置为黑色，并调整其位置，效果如图 11-84 所示。

（8）再次使用【横排文字工具】 T.在工作区中输入文字。选中输入的文字，在【字符】面板中将【字体】设置为"Adobe 黑体 Std"，将【字体大小】设置为 50 点，将【字符间距】设置为 -50，将【颜色】设置为 #ff0031，并调整其位置，效果如图 11-85 所示。

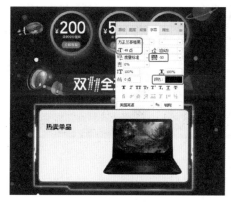 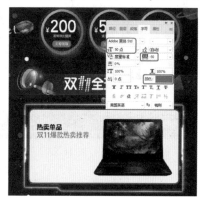

图 11-84   图 11-85

（9）使用同样的方法输入其他文字，并对输入的文字进行调整，效果如图 11-86 所示。

（10）在工具箱中选择【直线工具】，在工具选项栏中将【填充】设置为无，将【描边】设置为 #413d44，将【粗细】设置为 1 像素，在工作区中按住 Shift 键绘制一条水平直线，效果如图 11-87 所示。

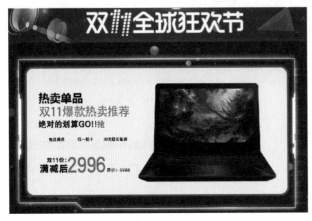
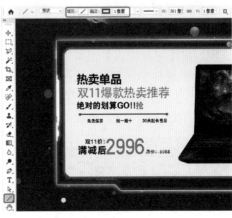

图 11-86　　　　　　　　　　　　　　　　图 11-87

（11）将【复选框 2.png】素材文件置入至文档中，调整其位置后进行复制，效果如图 11-88 所示。

（12）在工具箱中选择【圆角矩形工具】 ▢.，在工作区中绘制一个圆角矩形，在【属性】面板中将 W、H 分别设置为 100 像素、33 像素，将【填充】设置为 #ff0036，将【描边】设置为无，将所有的圆角半径均设置为 10 像素，并调整其位置，效果如图 11-89 所示。

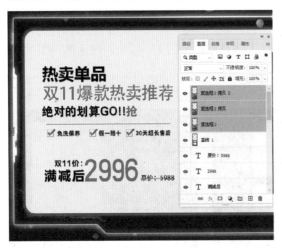

图 11-88　　　　　　　　　　　　　　　　图 11-89

（13）根据前面的方法输入文字，对制作的内容进行复制并修改，效果如图 11-90 所示。

（14）将【电脑素材 06.png】素材文件置入至文档中。在工具箱中选择【横排文字工具】 T.，在工作区中输入文字。选中输入的文字，在【字符】面板中将【字体】设置为"方正粗圆简体"，将【字体大小】设置为 72 点，将【字符间距】设置为 0，将【颜色】设置为白色，并调整其位置，效果如图 11-91 所示。

（15）在【图层】面板中双击【优选好货推荐】文字图层，在弹出的对话框中选择【描边】选项，将【大小】设置为 2 像素，将【位置】设置为"居中"，将【混合模式】设置为"正常"，将【颜色】设置为 #d2aad6，如图 11-92 所示。

（16）再在【图层样式】对话框中选择【投影】选项，将【混合模式】设置为"正片叠底"，将【阴影颜色】设置为 #000037，将【不透明度】设置为 55%，取消勾选【使用全局光】复选框，将【角度】设置为 90 度，将【距离】【扩展】【大小】分别设置为 8 像素、15%、9 像素，单击【确定】按钮，如图 11-93 所示。

图 11-90

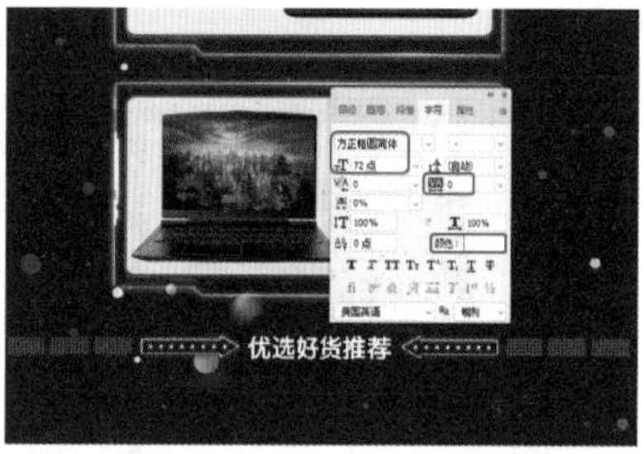

图 11-91

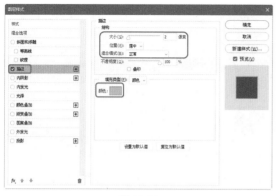

图 11-92

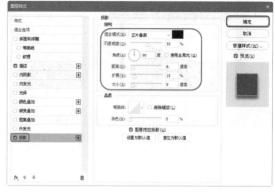

图 11-93

（17）将【电脑素材 07.png】【电脑素材 08.png】素材文件置入至文档中。在【图层】面板中选择【电脑素材 08】图层，将【混合模式】设置为"正片叠底"，效果如图 11-94 所示。

（18）将【电脑素材 09.png】~【电脑素材 11.png】素材文件置入至文档中，调整其位置，并对置入的素材进行复制，效果如图 11-95 所示。

（19）在工具箱中选择【圆角矩形工具】 □.，在

图 11-94

图 11-95

工作区中绘制一个圆角矩形。在【属性】面板中，将 W、H 分别设置为 504 像素、86 像素，将【填充】设置为黑色，将【描边】设置为无，将所有的圆角半径均设置为 10 像素，并调整其位置，效果如图 11-96 所示。

（20）在【图层】面板中双击绘制的圆角矩形图层，在弹出的对话框中选择【渐变叠加】选项，单击【渐变】右侧的渐变条，在弹出的对话框中将左侧色标的【颜色】值设置为

#8b00cc，将右侧色标调整至 94% 位置处并将其【颜色】值设置为 #7a00ff，单击【确定】按钮，如图 11-97 所示。

图 11-96　　　　　　　　　　　　　　　　　　　　图 11-97

（21）在【图层样式】对话框中将【混合模式】设置为"正常"，将【样式】设置为"线性"，将【角度】设置为 90 度，单击【确定】按钮，如图 11-98 所示。

（22）根据前面的方法制作其他内容，并将【电脑素材 12.png】素材文件置入至文档中，效果如图 11-99 所示。

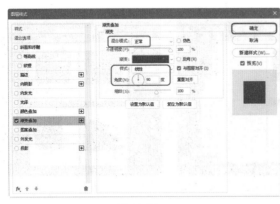

图 11-98　　　　　　　　　　　　　　　　　　　　图 11-99

Chapter

12

卡片设计

本章导读:

　　好的卡片能够巧妙地展现出卡片的功能。卡片设计的主要目的是让人加深印象,同时可以很快联想到专长与兴趣,因此在引人注意的卡片中,活泼、趣味常是其共同点。本章将讲解卡片的设计。

实例 118 卡片设计 1——订餐卡正面

本例是通过【横排文字工具】输入文本并在【字符】面板中设置文本参数，通过添加图层样式来美化文字，制作出订餐卡正面内容，最终效果如图 12-1 所示。

（1）按 Ctrl+O 组合键，在弹出的对话框中选择【素材 \Cha12\ 素材 1.jpg】素材文件，单击【打开】按钮，如图 12-2 所示。

（2）在菜单栏中选择【文件】|【置入

图 12-1

嵌入对象】命令，弹出【置入嵌入的对象】对话框，选择【素材 \Cha12\ 素材 2.png】素材文件，单击【置入】按钮，调整素材的位置，如图 12-3 所示。

图 12-2

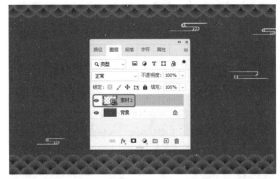

图 12-3

（3）在工具箱中选择【横排文字工具】T.，在工作区中输入文字。选中输入的文字，在【字符】面板中将【字体】设置为"微软雅黑"，将【字体样式】设置为"Bold"，将【字体大小】设置为 43 点，将【字符间距】设置为 0，将【颜色】设置为白色，如图 12-4 所示。

（4）在【图层】面板双击【订餐卡】图层，弹出【图层样式】对话框，勾选【斜面和浮雕】复选框，将【样式】设置为"内斜面"，将【方法】设置为"平滑"，将【深度】设置为 100%，将【方向】设置为"上"，将【大小】【软化】设置为 8 像素、0 像素；在【阴影】选项组下方，将【角度】设置为 0 度，将【高度】设置为 30 度，将【高光模式】设置为"滤色"，将【颜色】设置为白色，将【不透明度】设置为 15%，将【阴影模式】设置为"正片叠底"，将【颜色】设置为黑色，将【不透明度】设置为 16%，如图 12-5 所示。

（5）勾选【颜色叠加】复选框，将【混合模式】设置为"正常"，将【颜色】设置为 #fffaf2，如图 12-6 所示。

（6）勾选【投影】复选框，将【混合模式】设置为"正常"，将【颜色】设置为 #c51f26，将【不透明度】设置为 75%，将【角度】设置为 0 度，将【距离】【扩展】【大小】设置为 5 像素、0%、0 像素，单击【确定】按钮，如图 12-7 所示。

图 12-4

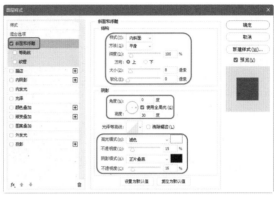

图 12-5

图 12-6

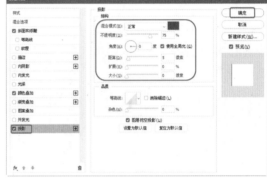

图 12-7

（7）在工具箱中选择【横排文字工具】 **T.**，在工作区中输入文字。选中输入的文字，在【字符】面板中将【字体】设置为"方正粗圆简体"，将【字体大小】设置为 7 点，将【字符间距】设置为 1000，将【颜色】设置为白色，如图 12-8 所示。

（8）在工具箱中选择【横排文字工具】，在工作区中输入文字。选中输入的文字，在【字符】面板中将【字体】设置为"方正粗圆简体"，将【字体大小】设置为 7 点，将【字符间距】设置为 0，将【颜色】设置为白色，如图 12-9 所示。

图 12-8

图 12-9

（9）在工具箱中选择【矩形工具】，在工作区中绘制矩形，在【属性】面板中将 W、H

设置为 655 像素、194 像素，将【填色】设置为无，将【描边】设置为白色，将【描边宽度】设置为 5 像素，如图 12-10 所示。

图 12-10

（10）在【图层】面板中选中【矩形 1】图层，单击【添加图层蒙版】按钮 ▢，将【前景色】设置为黑色。在工具箱中选择【矩形选框工具】▢，在工具选项栏中单击【添加到选区】按钮 ▢，绘制如图 12-11 所示的选区，按 Alt+Delete 组合键填充前景色。

（11）按 Ctrl+D 组合键取消选区，对场景文件进行保存即可。

图 12-11

实例 119　卡片设计 2——订餐卡反面

下面介绍如何制作订餐卡反面，方法是先置入素材文件，通过【矩形工具】【直线工具】和【横排文字工具】制作订餐卡反面内容，如图 12-12 所示。

（1）按 Ctrl+O 组合键，在弹出的对话框中选择【素材 \Cha12\ 素材 3.jpg】素材文件，单击【打开】按钮，如图 12-13 所示。

（2）在工具箱中选择【矩形工具】，在

图 12-12

工作区中绘制矩形，在【属性】面板中将 W、H 设置为 1010 像素、433 像素，将【填色】设置为无，将【描边】设置为白色，将【描边宽度】设置为 2 像素，效果如图 12-14 所示。

（3）在工具箱中选择【矩形工具】按钮 ▢，将【工具模式】设置为"形状"，将【填充】设置为白色，将【描边】设置为无，绘制 68 像素 ×68 像素、68 像素 ×37 像素的两个矩形，如图 12-15 所示。

（4）在工具箱中选择【横排文字工具】 **T.**，输入文本。选中文本，将【字体】设置为"方正大黑简体"，将【字体大小】设置为 15 点，将【字符间距】设置为 0，将【颜色】设置为白色，如图 12-16 所示。

图 12-13

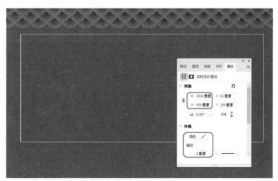

图 12-14

图 12-15

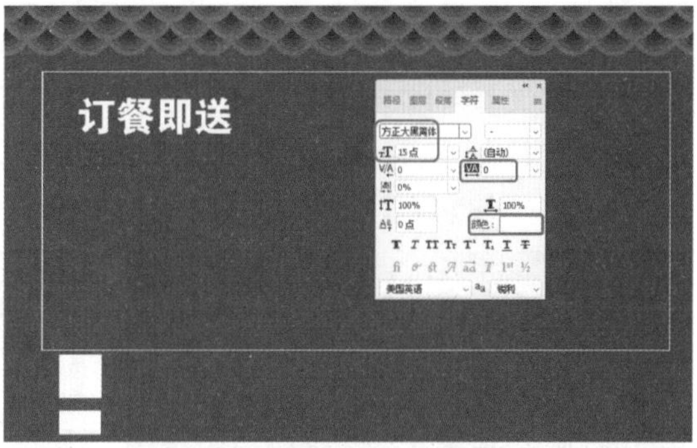

图 12-16

（5）使用【横排文字工具】【直线工具】和【矩形工具】制作其他内容，如图 12-17 所示。

（6）在菜单栏中选择【文件】|【置入嵌入对象】命令，弹出【置入嵌入的对象】对话框，选择【素材 \Cha12\ 素材 4.png】素材文件，单击【置入】按钮，调整素材的位置，如图 12-18 所示。

图 12-17

图 12-18

实例 120　卡片设计 3——签到处卡片

　　本例讲解如何制作签到处卡片，方法是打开素材后通过【横排文字工具】输入文本，然后置入光晕素材文件，对文本进行美化，效果如图 12-19 所示。

图 12-19

　　（1）按 Ctrl+O 组合键，打开【素材 \Cha12\ 素材 5.jpg】素材文件，如图 12-20 所示。

　　（2）在工具箱中选择【横排文字工具】，输入文本。选中文本，将【字体】设置为"方正粗黑宋简体"，将【字体大小】设置为 180 点，将【字符间距】设置为 50，将【颜色】设置为白色，如图 12-21 所示。

图 12-20

图 12-21

　　（3）在菜单栏中选择【文件】|【打开】命令，弹出【打开】对话框，选择【素材 \Cha12\ 素材 6.psd】素材文件，单击【打开】按钮。在【图层】面板中选择【光】【光 拷贝】图层，如图 12-22 所示。

　　（4）将图层对象拖曳至【素材 5.jpg】场景文件中，调整对象的位置，如图 12-23 所示。

图 12-22

图 12-23

　　（5）在工具箱中选择【横排文字工具】，输入文本。选中文本，将【字体】设置为"微软雅黑"，将【字体样式】设置为"Bold"，将【字体大小】设置为 28 点，将【字符间距】

设置为 50，将【颜色】设置为白色，如图 12-24 所示。

（6）将场景进行保存，按 Ctrl+Shift+Alt+E 组合键盖印图层，如图 12-25 所示，

图 12-24   图 12-25

实例 121　卡片设计 4——企业签到处桌牌

本例将讲解如何设计企业签到处桌牌，方法是将签到处卡片拖曳至背景文件中，通过【斜切】命令调整出如图 12-26 所示的效果。

图 12-26

（1）按 Ctrl+O 组合键，打开【素材 \Cha12\ 素材 7.jpg】素材文件，如图 12-27 所示。

（2）将签到处卡片的盖印图层拖曳至【素材 7.jpg】文件中，按 Ctrl+T 组合键，在图层上单击鼠标右键，在弹出的快捷菜单中选择【斜切】命令，如图 12-28 所示。

图 12-27   图 12-28

（3）调整签到处卡片的角点，按 Enter 键进行确认，如图 12-29 所示。

图 12-29

Chapter

13

梦幻特效设计

本章导读:

    Photoshop 在绘图方面的一个重要应用就是特殊效果的制作。在实际绘图中,几乎所有的图像绘制都离不开如闪光、光线等特殊效果。本章仅介绍几种特殊效果的绘制过程,并通过最直接的方式体现 Photoshop 在实现特殊效果方面的基本功能。

实例 122　制作奇幻天空效果

　　本例操作简单，首先置入素材文件，再设置素材图层的混合模式，使图片呈现出奇幻天空的效果，如图 13-1 所示。

　　（1）按 Ctrl+O 组合键，打开【素材 \ Cha13\ 素材 1.jpg】素材文件，如图 13-2 所示。

　　（2）在菜单栏中选择【文件】|【置入嵌入对象】命令，弹出【置入嵌入的对象】对话框，选择【素材 \Cha13\ 素材 2.png】素材文件，单击【置入】按钮，调整对象的大小及位置，按 Enter 键确认，如图 13-3 所示。

图 13-1

图 13-2

图 13-3

　　（3）选择【素材 2】图层，将【混合模式】设置为"滤色"，效果如图 13-4 所示。

　　（4）在菜单栏中选择【文件】|【置入嵌入对象】命令，弹出【置入嵌入的对象】对话框，选择【素材 \Cha13\ 素材 3.png】素材文件，单击【置入】按钮，调整位置，按 Enter 键确认。选择【素材 3】图层，将【不透明度】设置为 70%，再将【素材 3】图层调整至【素材 2】图层下方，效果如图 13-5 所示。

图 13-4

图 13-5

实例 123　制作辐射冲击波特效

本例将制作类似于爆炸效果的辐射冲击波光影效果，使用的主要命令包括【波纹】【极坐标】【风】等，完成后的效果如图 13-6所示。

（1）按 Ctrl+N 组合键打开【新建】对话框，将【宽度】和【高度】都设置为 500像素，将【分辨率】设置为 72 像素 / 英寸，将【颜色模式】设置为"RGB 颜色 /8bit"，将【背景内容】的颜色设置为黑色，单击【创建】按钮，如图 13-7 所示。

图 13-6

（2）选择【椭圆工具】◯，将【填充】设置为白色，将【描边】设置为无，按住 Shift键绘制一个圆形，如图 13-8 所示。

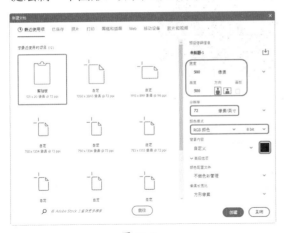

图 13-7

图 13-8

（3）在【图层】面板中，将【椭圆 1】图层拖曳至【创建新图层】⊡ 按钮上，创建【椭圆 1 拷贝】图层。按 Ctrl+T 组合键，将复制的圆进行缩放，然后将其填充为黑色，如图 13-9所示。

（4）在【图层】面板中选中【椭圆 1】和【椭圆 1 拷贝】图层，右击，在弹出的快捷菜单中选择【栅格化图层】命令。然后按 Ctrl+E 组合键，将其合成一个图层，如图 13-10 所示。

（5）在菜单栏中选择【滤镜】|【扭曲】|【波纹】命令，在弹出的【波纹】对话框中，将【数量】设置为 200%，将【大小】设置为"大"，单击【确定】按钮，如图 13-11 所示。

 提示：

【波纹】滤镜用于在选区上创建波状起伏的图案，如同水池表面的波纹。

（6）在菜单栏中选择【滤镜】|【扭曲】|【极坐标】命令，在弹出的【极坐标】对话框中，选择【极坐标到平面坐标】单选按钮，单击【确定】按钮，如图 13-12 所示。

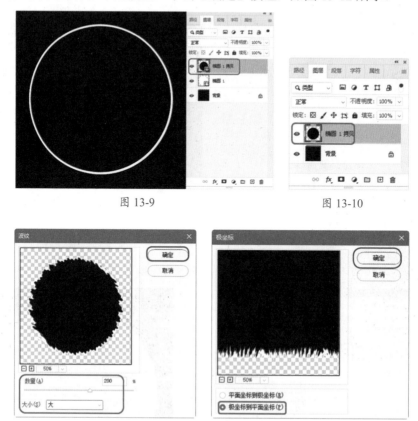

图 13-9　　　　　　　　　　　　　　　　图 13-10

图 13-11　　　　　　　　　　　　　　　　图 13-12

（7）在菜单栏中选择【图像】|【图像旋转】|【顺时针 90 度】命令，然后选择【滤镜】|【风格化】|【风】命令，在弹出的【风】对话框中，将【方法】设置为"风"，将【方向】设置为"从左"，单击【确定】按钮。然后按 Ctrl+Alt+F 组合键，再次执行【风】滤镜，如图 13-13 所示。

提示：
按 Ctrl+Alt+F 组合键可以再次执行上一次执行过的滤镜效果。

（8）在菜单栏中选择【图像】|【图像旋转】|【逆时针 90 度】命令，然后选择【滤镜】|【扭曲】|【极坐标】命令，在弹出的【极坐标】对话框中，选择【平面坐标到极坐标】单选按钮，然后单击【确定】按钮，如图 13-14 所示。

（9）将【椭圆 1 拷贝】图层复制两次，然后按 Ctrl+T 组合键，调整图形的大小，如图 13-15 所示。

（10）将【椭圆 1 拷贝】【椭圆 1 拷贝 2】和【椭圆 1 拷贝 3】图层合并。打开【素材\Cha13\素材 4.jpg】素材文件，使用【移动工具】 ，将制作完成后的冲击波图形拖曳至打开的背景中，如图 13-16 所示。

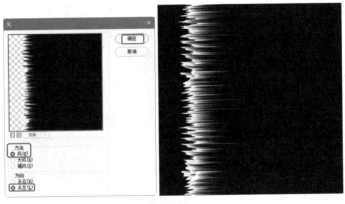

图 13-13　　　　　　　　　　　　　　　　图 13-14

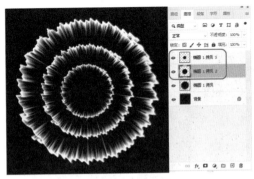

图 13-15　　　　　　　　　　　　　　　　图 13-16

（11）按 Ctrl+T 组合键，然后右击，在弹出的快捷菜单中选择【扭曲】命令，如图 13-17 所示。

（12）对图形进行调整，按 Enter 键确认，效果如图 13-18 所示。

图 13-17　　　　　　　　　　　　　　　　图 13-18

（13）按 Ctrl+U 组合键，在打开的【色相/饱和度】对话框中，选择【着色】选项，将【色相】设置为 222，将【饱和度】设置为 40，将【明度】设置为 5，单击【确定】按钮，如图 13-19 所示。

（14）执行【色相/饱和度】命令后的效果如图 13-20 所示。最后将文件进行保存。

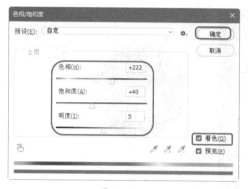

图 13-19

图 13-20

◆◆◆◆◆◆◆◆
实例 124　制作火星特效

本例将介绍火星特效的制作，方法是首先使用【分层云彩】【USM 锐化】【球面化】等滤镜做出大致的火星表面纹理效果，然后通过【色彩平衡】命令调出火焰的色彩，最后为其添加【外发光】图层样式，完成后的效果如图 13-21 所示。

（1）按 Ctrl+N 组合键，打开【新建】对话框，将【宽度】和【高度】分别设置为

图 13-21

500 像素、400 像素，将【分辨率】设置为 72 像素 / 英寸，将【背景内容】的颜色设置为黑色，单击【创建】按钮。

（2）在【图层】面板中单击底部的【创建新图层】按钮 回，新建一个图层【图层 1】并填充为黑色。选择菜单栏中的【滤镜】|【杂色】|【添加杂色】命令，在弹出的【添加杂色】对话框中将【数量】设置为 25%，选择【分布】选项组中的【高斯分布】单选按钮，并勾选【单色】复选框，单击【确定】按钮，如图 13-22 所示。

（3）将【图层 1】拖曳到【创建新图层】 回 按钮上，复制一个图层，并将新复制图层的【混合模式】设置为"叠加"，如图 13-23 所示。

（4）新建【图层 2】。选择工具箱中的【椭圆选框工具】 ○.，在新建的图层中绘制出如图 13-24 所示的圆形选区，并将选区填充为黑色，如图 13-24 所示。

（5）选择菜单栏中的【滤镜】|【渲染】|【分层云彩】命令，多次按 Ctrl+Alt+F 组合键，为图层添加【分层云彩】效果，如图 13-25 所示。

（6）按 Ctrl+L 组合键，打开【色阶】对话框，调整色阶参数，单击【确定】按钮，如图 13-26 所示。

（7）选择菜单栏中的【滤镜】|【锐化】|【USM 锐化】命令，在弹出的【USM 锐化】对话框中将【数量】设置为 80%，将【半径】设置为 3 像素，将【阈值】设置为 0 色阶，单击【确定】按钮，如图 13-27 所示。

图 13-22

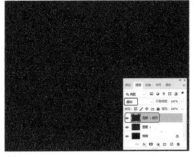

图 13-23

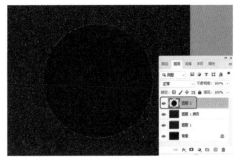

图 13-24

图 13-25

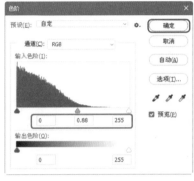

图 13-26

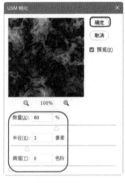

图 13-27

（8）按 Ctrl+D 组合键取消选区。选择菜单栏中的【滤镜】|【扭曲】|【球面化】命令，在弹出的对话框中将【数量】设置为 90%，单击【确定】按钮，如图 13-28 所示。

> 提示：
> 【球面化】滤镜，可以通过将选区折成球形、扭曲图像，以及伸展图像以适合选中的曲线，使对象具有 3D 效果。

（9）继续执行【球面化】命令，在弹出的对话框中将【数量】设置为 20%，单击【确定】按钮，完成后的效果如图 13-29 所示。

（10）按 Ctrl+B 组合键，弹出【色彩平衡】对话框，选择【色调平衡】选项组中的【阴影】单选按钮，将【色阶】参数设置为 +100、0、-100，单击【确定】按钮，如图 13-30 所示。

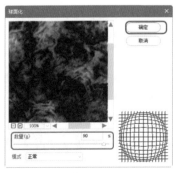

图 13-28

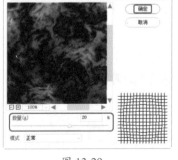

图 13-29

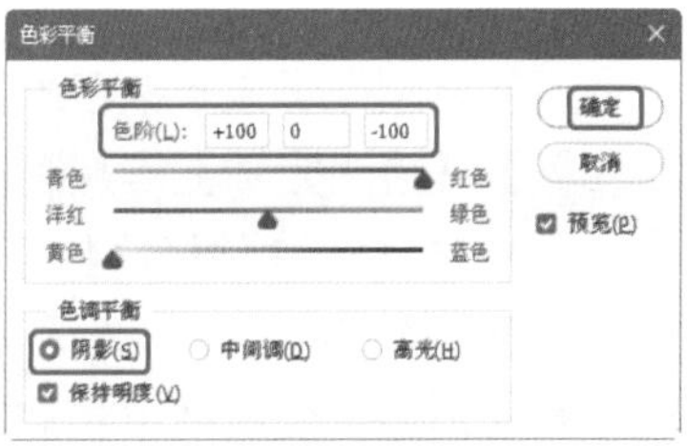

图 13-30

（11）按 Ctrl+B 组合键，弹出【色彩平衡】对话框，选择【色调平衡】选项组中的【中间调】单选按钮，将【色阶】参数设置为 +100、0、-100，单击【确定】按钮，如图 13-31 所示。

（12）按 Ctrl+B 组合键，弹出【色彩平衡】对话框，继续选择【高光】单选按钮，然后将【色阶】参数设置为 80、0、-10，单击【确定】按钮，如图 13-32 所示。

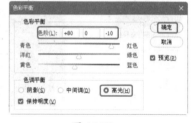

图 13-31 　　　　　　　　　　图 13-32

提示：

用户也可以使用【色相 / 饱和度】对话框为火星上色。

（13）单击【图层】面板底部的【添加图层样式】按钮 *fx*，在弹出的下拉菜单中选择【外发光】命令，弹出【图层样式】对话框，将发光颜色的 RGB 值设置为 255、27、0，将【图素】选项组中的【扩展】和【大小】分别设置为 5%、55 像素，单击【确定】按钮，如图 13-33 所示。

（14）按 Ctrl+O 组合键，打开【素材 \Cha13\ 素材 5.jpg】素材文件，使用【移动工具】 ⊕ 将制作完成后的图形拖曳至打开的背景中，适当调整其大小及位置，如图 13-34 所示。

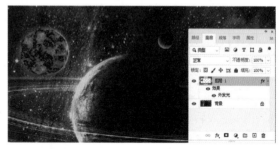

图 13-33 　　　　　　　　　　图 13-34

实例 125　**制作钻石水晶耀光特效**

本例将制作类似于钻石水晶的耀光效果，使用的主要命令包括【极坐标】【径向模糊】【高斯模糊】【镜头光晕】等，制作完成后的效果如图 13-35 所示。

（1）按 Ctrl+N 组合键，打开【新建】对话框，将【宽度】和【高度】都设置为 300 像素，将【分辨率】设置为 72 像素 / 英寸，将【背景内容】的颜色设置为黑色，单击【创建】按钮。在【图层】面板中单击底部的【创建新图层】按钮 ▣，新建一个图层。选择工具箱中的

【椭圆选框工具】 ○.，在新建的图层中绘制如图 13-36 所示的横向选区，将选区填充为白色。

（2）按 Ctrl+D 组合键取消选区。在菜单栏中选择【滤镜】|【扭曲】|【极坐标】命令，在弹出的【极坐标】对话框中，选择【平面坐标到极坐标】单选按钮，然后单击【确定】按钮，为【图层 1】添加【极坐标】效果，完成后的效果如图 13-37 所示。

图 13-35

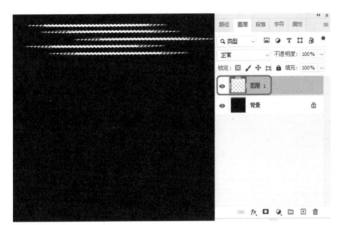

图 13-36

图 13-37

💡 提示：
　　【极坐标】滤镜可根据选项，将选区从平面坐标转换到极坐标，或将选区从极坐标转换到平面坐标。

（3）在菜单栏中选择【滤镜】|【模糊】|【径向模糊】命令，在弹出的【径向模糊】对话框中，将【数量】设置为 32，选择【模糊方法】选项组中的【旋转】单选按钮，单击【确定】按钮，如图 13-38 所示。添加【径向模糊】的效果如图 13-39 所示。

（4）复制图层 2 次。在【图层】面板中，单击底部的【创建新图层】按钮 □，创建【图层 2】。选择工具箱中的【椭圆选框工具】 ○.，在新建的图层中绘制出如图 13-40 所示的横向选区，并将选区填充为白色。

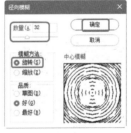

图 13-38

图 13-39

（5）按 Ctrl+D 组合键取消选区。将除背景之外的图层进行合并，并重命名为"光特效"。复制合并后的图层如图 13-41 所示。

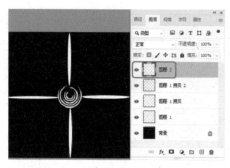
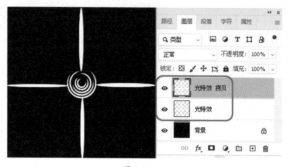

| 图 13-40 | 图 13-41 |

（6）按 Ctrl+T 组合键，旋转并缩放【光特效 拷贝】图层中的图像，然后将该图层与【光特效】图层合并，如图 13-42 所示。

（7）在菜单栏中选择【滤镜】|【模糊】|【高斯模糊】命令，在弹出的【高斯模糊】对话框中将【半径】设置为 2 像素，单击【确定】按钮，为该图层添加模糊效果，如图 13-43 所示。

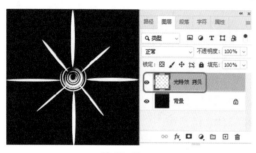

| 图 13-42 | 图 13-43 |

（8）按 Ctrl+O 组合键，打开【素材 \Cha13\ 素材 6.jpg】素材文件，使用【移动工具】，将制作完成后的图形拖曳至打开的背景中，适当调整其大小及位置，如图 13-44 所示。

（9）按 Ctrl+Alt+Shift+E 组合键，将图层进行盖印。选择菜单栏中的【滤镜】|【渲染】|【镜头光晕】命令，在弹出的【镜头光晕】对话框中将【亮度】设置为 10%，选择【镜头类型】选项组中的【50-300 毫米变焦（Z）】，同时将镜头中心移动到耀光图形中心，单击【确定】按钮，如图 13-45 所示。

| 图 13-44 | 图 13-45 |

Chapter

14

效果图后期处理技术

本章导读:

　　从实用性角度来讲，3ds Max 软件中渲染输出的效果并不成熟。因为三维软件在处理环境氛围和制作真实配景时，效果总是不能令人非常满意，所以需要由 Photoshop 软件完成最后的处理。本章将介绍有关效果图后期处理的方法与技巧。

实例 126　修正灯光照射的材质错误

当渲染输出作品时，若发现其色彩和明亮度不协调，可以利用 Photoshop 软件中的【色相/饱和度】命令对其进行调整，完成后的效果如图 14-1 所示。

（1）启动 Photoshop 软件，打开【素材\Cha14\素材 1.jpg】素材文件，如图 14-2 所示。

（2）在【图层】面板中选择【背景】图层，按 Ctrl+J 组合键，复制出【图层 1】。选择【图像】|【调整】|【亮度/对比度】命令，将【亮度】和【对比度】分别设置为 32、0，如图 14-3 所示。

图 14-1

图 14-2

图 14-3

提示：
　　【亮度/对比度】命令可以对某一图层上的图像或选区的亮度和对比度进行调整，达到想要的效果。

（3）对【图层 1】图层进行复制。选择【图层 1 拷贝】图层，在菜单栏中选择【图像】|【调整】|【色相/饱和度】命令，弹出【色相/饱和度】对话框，将【色相】【饱和度】和【明度】分别设置为 -10、+28、3，单击【确定】按钮，如图 14-4 所示。

（4）设置【色相/饱和度】后的效果如图 14-5 所示。

提示：
　　【色相/饱和度】命令可以调整图像中特定颜色范围的色相、饱和度以及亮度，或者同时调整图像中的所有颜色。

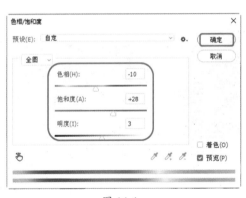

图 14-4

图 14-5

（5）继续选择【图层 1 拷贝】图层，按 Ctrl+M 组合键，弹出【曲线】对话框，对曲线进行调整，将【输出】和【输入】分别设置为 116、137，单击【确定】按钮，如图 14-6 所示。

（6）查看效果如图 14-7 所示，对场景文件进行保存。

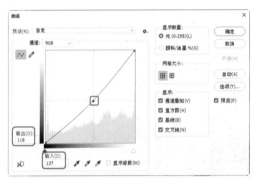

图 14-6

图 14-7

实例 127　室内效果图的修正

本例将讲解如何对过暗的图像进行修正，主要方法是调节其亮度和对比度，完成后的效果如图 14-8 所示。

（1）启动 Photoshop 软件后，打开【素材 \Cha14\ 素材 2.jpg】素材文件，如图 14-9 所示。

（2）选择【背景】图层，对其进行复制。选择复制后的图层【背景 拷贝】，在菜单栏中选择【图像】|【调整】|【亮度 / 对比度】命令，弹出【亮度 / 对比度】对话框，将【亮

图 14-8

度】和【对比度】分别设置为 32、19，单击【确定】按钮，如图 14-10 所示。

图 14-9

图 14-10

💡 提示：

　　【亮度 / 对比度】命令主要用来调整图像的亮度和对比度。在实际操作过程中，虽然可以使用【色阶】和【曲线】命令来调整图像的亮度和对比度，但这两个命令用起来比较复杂，而使用【亮度 / 对比度】命令可以更简单直观地完成亮度和对比度的调整。

　　（3）执行【亮度 / 对比度】命令后的效果如图 14-11 所示。

　　（4）选择【背景 拷贝】图层并对其进行复制。在【图层】面板中选择【背景 拷贝 2】图层，将【混合模式】设置为"柔光"，将【不透明度】设置为 50%，如图 14-12 所示。

图 14-11

图 14-12

　　（5）选择所有的图层，按 Shift+Ctrl+Alt+E 组合键对图像进行盖印，如图 14-13 所示。

　　（6）设置完成后，对场景文件进行保存，效果如图 14-14 所示。

图 14-13

图 14-14

实例 128　添加人物倒影

模型制作完成后，为了表现真实性，可以为其添加倒影，本例将讲解如何为人物添加倒影，完成后的效果如图 14-15 所示。

（1）启动 Photoshop 软件后，打开【素材 \Cha14\ 素材 3.psd】素材文件，如图 14-16 所示。

（2）打开【图层】面板，选择【人物 1】图层，并对其进行复制，如图 14-17 所示。

图 14-15

图 14-16

图 14-17

（3）选择【人物 1 拷贝】图层，按 Ctrl+T 组合键，然后在文档窗口中单击鼠标右键，在弹出的快捷菜单中选择【垂直翻转】命令，对人物的图像适当缩短，如图 14-18 所示。

💡 提示：

选择某一图层后，按 Ctrl+T 组合键可以对其进行任意变形或旋转。在制作阴影效果时，这是最常用的命令。

（4）打开【图层】面板，选择【人物 1 拷贝】图层，将【不透明度】设置为 23%，如图 14-19 所示。

图 14-18

图 14-19

（5）在【图层】面板中选择【人物 2】图层，对图像进行复制后垂直翻转，再按 Ctrl+T 组合键调整图像大小和位置，如图 14-20 所示。

（6）选择【人物 2 拷贝】图层，将【不透明度】设置为 23%，效果如图 14-21 所示。

图 14-20   图 14-21

（7）选择【人物 3】图层，对图像进行复制后垂直翻转，再按 Ctrl+T 组合键调整图像大小和位置，如图 14-22 所示。

（8）打开【图层】面板，选择【人物 3 拷贝】图层，将【不透明度】设置为 37%，效果如图 14-23 所示。

图 14-22   图 14-23

实例 129　更换卧室装饰画

本例将介绍如何更换卧室装饰画，其中主要应用了剪贴蒙版，完成后的效果如图 14-24 所示。

图 14-24

（1）启动 Photoshop 软件后，打开【素材 \Cha14\ 素材 4.jpg】素材文件，如图 14-25 所示。

（2）在工具箱中选择【多边形套索工具】，绘制选区，如图 14-26 所示。

图 14-25

图 14-26

（3）按 Ctrl+J 组合键，对选区进行复制。打开【素材 \Cha14\ 素材 5.jpg】素材文件，将其拖曳至文档中，并适当调整对象的位置。选择【图层 2】图层，单击鼠标右键，在弹出的快捷菜单中选择【创建剪贴蒙板】命令，效果如图 14-27 所示。

（4）继续选中【图层 2】图层，按 Ctrl+T 组合键，在调出的变形框上单击鼠标右键，在弹出的快捷菜单中选择【斜切】命令，适当对图像进行调整，效果如图 14-28 所示。

> 提示:
> 剪贴蒙版由两部分组成，即基层和内容层。剪贴蒙版可以使某个图层的内容遮盖其上方的图层，遮盖效果由底部图层或基层决定。

图 14-27

图 14-28

（5）选择所有的图层，按 Shift+Ctrl+Alt+E 组合键对图像进行盖印，如图 14-29 所示。

（6）选择【图层 3】图层，打开【亮度 / 对比度】对话框，将【亮度】和【对比度】分别设置为 14、-20，效果如图 14-30 所示。

图 14-29

图 14-30

实例 130　水中倒影

　　本例将讲解如何制作逼真的水中倒影，其中主要应用了【波纹】滤镜，使图像呈现波纹状态，完成后的效果如图 14-31 所示。

　　（1）启动 Photoshop 软件后，打开【素材 \Cha14\ 素材 6.jpg】素材文件，如图 14-32 所示。

　　（2）选择【背景】图层，按 Ctrl+J 组合键复制图层。选择【图层 1】图层，在工具箱中选择【矩形选框工具】，绘制出水面的轮廓选区，如图 14-33 所示。

图 14-31

图 14-32

图 14-33

　　（3）在菜单栏中选择【图像】|【调整】|【色相 / 饱和度】命令，弹出【色相 / 饱和度】对话框，将【色相】【饱和度】和【明度】分别设置为 -24、14、35，单击【确定】按钮，如图 14-34 所示。

　　（4）确认选区处于选中状态，按 Ctrl+J 组合键复制出【图层 2】图层，将选区取消。选择【图层 1】图层，继续使用【矩形选框工具】绘制出汽车的大体轮廓区域，然后按 Ctrl+J 组合键对选区进行复制，按 Ctrl+T 组合键对其进行垂直变换。将【图层 3】图层调整至图层顶部，完成后的效果如图 14-35 所示。

图 14-34　　　　　　　　　　　　　　　　　　　　图 14-35

（5）在【图层】面板中选择【图层 2】和【图层 3】图层并对其进行合并，如图 14-36 所示。

> **提示：**
> 　　若合并图层，可以选择要合并的图层，单击鼠标右键，在弹出的快捷菜单中选择【合并图层】或【合并可见图层】命令，也可以按 Ctrl+E 组合键或按 Ctrl+Shift+E 组合键进行合并。

（6）在菜单栏中选择【滤镜】|【扭曲】|【波纹】命令，弹出【波纹】对话框，将【数量】设置为 50%，将【大小】设置为"大"，单击【确定】按钮，如图 14-37 所示。

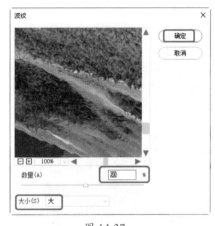

图 14-36　　　　　　　　　　　　　　　　　　　　图 14-37

> 　**提示：**
> 　　【波纹】滤镜可以在图像上创建波状起伏的图案，产生波纹的效果。

（7）打开【素材 \Cha14\ 素材 7.png】素材文件，并将其拖曳至文档中，按 Ctrl+T 组合键变换对象并调整位置，如图 14-38 所示。

（8）为【图层 4】图层添加剪贴蒙板，并将【混合模式】设置为"色相"，将【不透明度】设置为 48%，完成后的效果如图 14-39 所示。

图 14-38　　　　　　　　　　　图 14-39

实例 131　为植物添加倒影

本例将讲解如何制作植物的倒影。其制作过程和人物的倒影相似，主要应用了任意变形工具，完成后的效果如图 14-40 所示。

（1）启动 Photoshop 软件后，打开【素材 \Cha14\ 素材 8.psd】素材文件，如图 14-41 所示。

（2）打开素材会发现，其中的盆景植物没有阴影。打开【图层】面板，选择【盆景 1】图层，按 Ctrl+J 组合键对其进行复制。选择复制的图层，按 Ctrl+T 组合键，对图像进行垂直翻转，并进行适当的缩小，如图 14-42 所示。

图 14-40

图 14-41　　　　　　　　　　　图 14-42

> 💡 **提示：**
> 复制图层的方法除了按 Ctrl+J 组合键外，还可以将需要复制的图层拖曳到【创建新图层】按钮上，也可以单击鼠标右键，在弹出的快捷菜单中选择【复制图层】命令。

（3）在【图层】面板中将【盆景1拷贝】图层的【不透明度】设置为25%，效果如图14-43所示。

（4）选择【盆景2】图层，对其进行复制。选择【盆景2拷贝】图层，按Ctrl+T组合键，对图像进行垂直翻转和适当缩小，如图14-44所示。

图 14-43　　　　　　　　　　　　　　　　　图 14-44

（5）选择【盆景2拷贝】图层，将【不透明度】设置为20%，完成后的效果如图14-45所示。

（6）使用同样方法，分别给【盆景3】图层和【盆景4】图层中的图像添加倒影，如图14-46所示。

图 14-45　　　　　　　　　　　　　　　　　图 14-46